グローバル二酸化炭素リサイクル
——再生可能エネルギーで全世界の持続的発展を——

橋本 功二 著

東北大学出版会

Global Carbon Dioxide Recycling:
For Global Sustainable Development by Renewable Energy

Koji Hashimoto

Tohoku University Press, Sendai

ISBN978-4-86163-339-3

はじめに

　有史以前から産業革命前までの大気中の二酸化炭素濃度は約280 ppm でした。産業の発展と共に大気中の二酸化炭素濃度は増し，1870年からの100年間はほぼ一定の速度で増大しました。高度経済成長後の1970年代以降はさらに速度を上げながら急激に増え続け，今では400 ppmを越えています。2007年には，大気中の二酸化炭素濃度は350万年前の水準に達していると言われました。私達ホモ・サピエンスは20万年前に現れたに過ぎないのに。これは，今のほとんどの生き物が経験したことのない気象環境で，多くの生き物の生存を脅かすことになるでしょう。

　一方，全世界の人々が，環境に優しい再生可能エネルギーを容易に十分に得られるならば，世界の争いも減ることでしょう。

　地球温暖化を防止し，化石燃料が全て涸渇することを避けて十分な燃料を供給するために，私達は1980年代から，再生可能エネルギーから得られる電力を用いた水の電気分解による水素の製造と，煙突から回収した二酸化炭素と水素の反応によるメタンの製造の研究開発を行って来ました。これらの技術は，貯蔵，輸送，燃焼のインフラが世界中に普及している天然ガスと同じ合成天然ガスであるメタンの形で再生可能エネルギーを世界に供給するものです。これが実現すれば全世界が二酸化炭素を排出せずに，再生可能エネルギーから作られる変動断続する電力に加えて，合成天然ガスと合成天然ガスによる再発電で得られる安定な電力を使えます。これは，現在世界中で使われている技術を用いて，二酸化炭素を排出することなしに，再生可能エネルギーだけを使って，全世界が生き残り持続的発展を続けることを可能にします。

　この本は，ポーランド科学アカデミー物理化学研究所のMaria Janik-Czachor名誉教授を始めとする多くの友人や，私の話を聞いて下さった市民の方々の親切な勧めに従って，私達の研究開発を含めて，まとめた

ものです。

　再生可能エネルギーを合成天然ガスであるメタンの形で利用するために，私達が行った水の電気分解による水素製造や，二酸化炭素と水素の反応によるメタン製造の鍵となる材料の研究の詳細は，「第10章グローバル二酸化炭素リサイクルの鍵となる材料」にまとめました。第10章以外は市民の方々に読んでいただけるように努めました。

　大気中の二酸化炭素濃度と地球の気温の上昇速度は現在きわめて速く，地球温暖化による環境変化は急速に進行して，地球上の全ての生き物にとって，大変危険な状態になっています。最近の異常気象は，全世界で多くの人々の命にかかわる災害を引き起こしています。大気中の二酸化炭素濃度が異常に高いので，これまで経験したことがない最近の気象は異常ではなくもっと異常になる事でしょう。この異常気象が，地球温暖化の結果と考える人は沢山います。しかし，これは，活発な産業活動を始めとする近代的な人間活動のために大量に二酸化炭素を大気に排出して来た私達自身の責任と考える人はあまりいません。

　霊長類の中で身体能力が最も劣るのがホモ・サピエンスでした。最後の氷期の7万年から7万5,000年前に，スマトラ島の超巨大火山が大爆発して，大きな噴火が起こりました。拡がった噴煙が太陽光を遮り，地球の平均気温が3-5℃も下がる寒冷化が数千年続き，多くの生き物が死んだと言われています。そのときには，ホモ・サピエンスも一部が生き残ることができただけで，人口も1万人以下に下がったそうです。そのために私達ホモ・サピエンスには遺伝的多様性がチンパンジーの10分の1程度しかないのだと言われています。このときホモ・サピエンスは地球上の生き物の1種に過ぎませんでした。今，私達は私達の惑星を支配し，世界の人口は2017年に75億人を超えています。私達の祖先が滅びずに生き残り，この繁栄をもたらしたのは，互いに助け合い協力するという人類だけが持っている特性によって育まれた知性によるものです。

　46億年の地球の歴史の上では20万年の人類の存在は一瞬の出来事に過ぎません。私達が地球の自然全体を損なうことがあれば，私達はなん

と自分勝手な生き物ということになるでしょう。大気中の二酸化炭素濃度が安定だった産業革命以前には，私達は化石燃料を燃やすことはせず，主として木材を燃料とする再生可能エネルギーだけを使っていました。二酸化炭素は，一度，大気に排出されると，私達の惑星の表面全体に広がります。地球温暖化はまさに地球全体の問題です。利己的に振る舞ったり，自国の利益だけを考えることをせず，全世界が協力して，化石燃料燃焼を止め再生可能エネルギーだけを使うように，変わることを急ぐ必要があります。ホモ・サピエンスは遺伝的多様性が低いということは，7万年前に一部族だけが助け合って生き延びたのかもしれません。私達も，協力して地球上の生き物すべてに影響する危機を乗り越え，世界の持続的発展を維持しなければと思います。

　高水準の経済・産業活動を世界中で維持し発展させるためには，一次エネルギー消費の増大は本質的に必要で避けられません。私達の地球にはそのための再生可能エネルギー源は使い切れない有りあまる量あります。現在の世界の科学技術は，化石燃料の燃焼や原子力発電に頼らなくても，世界の全ての人々が持続的発展を続けて，平和に幸せに暮らすのに十分な再生可能エネルギーを供給できることを，読者に理解していただきたいと願っています。

　2019年6月著者はSpringer Nature社からGlobal Carbon Dioxide Recycling For Global Sustainable Development by Renewable EnergyをSpringer Brief in Energyのシリーズに出版しました。これは，その和文の一部の図を新しいデーターで改め，第15章を加えたものです。

［目　次］

第1章　私達の惑星の贈り物

　石炭，石油，天然ガスは数億年かけて動植物が化石となって出来上がったものと言われています。これらは地球の贈り物です。産業革命以降，産業・経済の成長は，常に化石燃料消費の拡大によって支えられてきました。大気中の二酸化炭素濃度増大を伴いながら。1970年代には化石燃料が完全に使い尽くされることが心配になりました。

　　キーワード：全ての生き物に豊穣な自然，地球の贈り物，産業革命，
　　　　　　　　燃料消費増大，燃料枯渇の恐れ，可採年数

1.1　恵まれた自然・地球の贈り物

　著者が住む東北地方の仙台では，春に郊外で雪の中から福寿草が黄色い花を咲かせ，4月の声を聞く頃，街では梅，桃，桜，コブシ，モクレンなどが競い合うように咲き揃い，山では雪が消えた雪渓の縁に並んでフキノトウが一斉に芽吹きます。私達はフキノトウを天ぷらなどで楽しみ，春を称えます。続いて薄紫や白い大きな房を藤が垂れる頃，家々の庭には花々があふれます。山々では，様々な色合いの新緑から始まり，緑が日に日に深まります。8月には光合成が最も盛んになります。10月が近づくと，山頂から色づき始め，黄色から赤まで華やかな様々な色と常緑樹の緑が入り混じった豪華な景色が平地にゆっくりと下りて来ます。鮮やかな色の競演が終わると山は雪の季節を迎えます。季節の変化と共に川は山々から様々な栄養を運び豊かな海を育みます。これが私達の惑星です。もっとも，温暖化のために，仙台では子供達が楽しんで遊べるほどの雪は降らなくなってしまいました。地球上の生き物は皆この惑星の恵みのお陰で生きています。この恵まれた地球の環境を変えたり，資

源を使い尽くすことなく，次の世代に引き継ぐことが今生きている私達の務めです。

　数億年前に堆積した動植物の死骸が，圧力と熱によって変質し化石となったと言われています。それが石炭，石油，天然ガスです。これらも地球の自然の一部，地球が私達に与えてくれた贈り物です。石炭や石油は燃える石や燃える水として大昔から使われて来ましたが，大量に石炭，石油，天然ガスを使うようになったのはずっと後のことです。

1.2　化石燃料燃焼に支えられた産業・経済成長

　手工業経済から産業・機械工業経済へ転換した産業革命は18世紀にイギリスで始まりました。綿織物の生産過程の技術革新，製鉄業の成長，蒸気機関の大量利用などが進みました。特に蒸気機関の開発による動力源の著しい技術革新は，機械工業と人や物資の大量輸送を可能にしました。産業革命以降は，化石燃料消費の拡大が，常に経済成長を後押しして来ました。

　私達は，第二次世界大戦以降今日迄化石燃料消費が世界で増え続けることを経験して来ました。第二次世界大戦後の食べるものにも苦労した時代から一転した急速な経済成長の世界に生きて，1970年代には，このように急速に地球の天然資源を消費することをいつ迄続けられるのか心配に思うようになりました。数億年かけて化石化してくれた資源を含めて地球の贈り物を全て使い尽くすのではないかと不安になりました。

　この時期には，"可採年数"という言葉が使われるようになりました。これは今の生産量で資源を後何年採掘できるかということです。可採年数が何年かを教えられて，資源の完全な涸渇については，まだ心配する必要はないと納得したものでした。しかし，これは間違いでした。生産量が毎年増えるのですから，その年の生産量で後何年資源が保つかは，意味がありません。したがって，今は，私達は可採年数の数字を信用してはならないことを学びました。

第 2 章　水素エネルギー社会の夢

　1970 年代の初め，私達は，洋上に筏を浮かべ，太陽電池を据えて発電して得られる電力を用いてその場で海水を電気分解して，できる水素を全世界に供給しようと考えていました。同時に，水素を主要な燃料として使うことの難しさも感じていました。私達は，水素を貯蔵し，輸送し，燃焼するために広く普及している技術を持っていません。1970 年代には，高度経済成長の後，活発な産業活動によって大量の資源を高速に消費することに直面して，資源を消費尽くすことと廃棄物の排出によって自然環境が傷つけられるのではないかと心配するようになりました。

　キーワード：水素社会の夢，困難な水素利用

2.1　造るのは容易

　金，銅，ニッケルその他の金属の電気メッキや，濃厚塩化ナトリウム水溶液の電気分解により水酸化ナトリウムと塩素を製造するソーダ工業などの電気化学工業を多少は知っていた私達は，1970 年代の早い時期に，枯渇することのないエネルギーを世界が使えるようにするには，洋上に筏を浮かべ，その上に太陽電池を据えて発電して，できる電気で海水をその場で電気分解して水素を造り，水素を燃料として世界中に供給すればよいと，考えていました。

2.2　難しい利用

　それと同時に，水素を燃料として使うことが難しいことも感じていました。1937 年 5 月 6 日アメリカ合衆国ニュージャージー州のレークハー

スト海軍飛行場上空で，ドイツの水素飛行船ヒンデンブルグ号が係留しようと着陸用ロープを係留柱に下ろしかけた瞬間に，多分静電気が放電したためだろうと言われている炎上・爆発を起こし，乗客乗員97人中35人と地上作業員1人が死亡した事故が起きました。これは20世紀の世界を揺るがせた大事故の一つとして良く知られています。長距離・長時間の飛行ができる性能を備えた飛行船は，始まったばかりの世界の空を旅する唯一の手段でした。1929年には世界一周に成功し，途中日本でも霞ヶ浦飛行場に寄港して世界の憧れの的であった飛行船です。ドイツは旅客を乗せた水素飛行船を一人の死傷者もなく40年近く運用して来ましたので，水素の安全な使用に熟達しているという自信を持っていたと言われています。丁度，福島の原子力発電所の事故の前には原子力発電は安全と信じていた日本のようだったのでしょう。事故当時幼児だった著者も後年両親から水素を使った悲惨な事故として教えられたのを記憶しています。この例のように，水素は大気中に4-75％含まれれば，静電気の放電でも爆発しますから，庶民が容易く扱えるものではありません。

　その上，ガソリン1リットルの燃焼エネルギー3,400万5,000ジュールに相当する気体の水素の体積は，2,704リットルにもなり，水素は体積を小さくしないと扱えません。水素を液化して小さな体積で運ぶことにしても，液化には水素のほとんど全ての燃焼エネルギーを使ってしまいます。水素が液体に変わる-252.6℃以下に冷やすには，水素1kg当たり10-14kWhの電力を消費します。この電力は，1kgの水素の燃焼エネルギーの30-40％に当たります。しかし，その電気を造る火力発電で燃料の燃焼エネルギーが電気に変わる効率は40％以下しかありません。また，水素の容器は，-253℃以下に冷やすことと常温に暖めるという熱衝撃の繰り返しが，水素雰囲気で起きることに耐えなければなりません。

　しかし，当時は，世界が生き残るための唯一の主要な燃料が水素ということであれば，こういう課題も私達が解決しなければならないと考えていました。

　さらに，1970年代には，高度経済成長以降の盛んな産業・経済活動に

直面して，私達が資源を使い尽くすだけでなく，廃棄物の排出が自然を
変えてしまうのではないかと心配になりました。

第3章　地球の気温と大気中の二酸化炭素濃度

　　陸地，海洋，大気に吸収された太陽エネルギーは赤外線という熱線の形で宇宙に放出されます。温室効果ガスはこの赤外線を吸収して安定な気候を保つ働きをします。温室効果ガスの中で二酸化炭素は，産業革命前には地球上の炭素循環のバランスによって，大気中で約 280ppm という一定の濃度に保たれて来ました。産業革命の後大気中の二酸化炭素濃度は高くなり，1870 年代からの 100 年の間は，世界の産業の発達の結果，大気中の二酸化炭素濃度は毎年 0.28ppm という一定速度で増大しました。1970 年以降は，私達の惑星が処理しきれない大量の二酸化炭素が排出されました。二酸化炭素は増加速度を上げながら大気中に蓄積され，大気中の濃度は 400ppm を超えてしまいました。2007 年には，大気中の二酸化炭素濃度は 350 万年前の水準に達したと言われました。私達ホモ・サピエンスが現れたのが 20 万年前に過ぎないのに。350 万年前の大気中の二酸化炭素濃度は 360ppm から 400ppm で，産業革命前と比べて気温は 2-3℃高く，海水面は少なくとも 15 m から 25 m 高かったと言われています。私達の惑星は，ヒマラヤ山系のモンスーンによる浸食を通して炭酸塩の固体を形成して大気中の二酸化炭素濃度を産業革命前の水準に減らすのに，250 万年費やしました。今の大気中の二酸化炭素濃度の水準がいかに危険かは明らかで，産業革命以前より高い量の二酸化炭素排出を避ける必要があります。

　　キーワード：1770 年に二酸化炭素 280ppm，2018 年に二酸化炭素 415ppm，人類の歴史 20 万年，350 万年前にタイムスリップ

3.1 生物が暮らす地球と太陽

　私達の惑星である地球が太陽によって暖められ，太陽系の中で表面に生命が存在することができて，実際に生命が存在している唯一の場所であることを私達は知っています。これには沢山の要因がありますが，第一に上げられるのは太陽に対する地球の位置です。太陽系の中で生命が存在できる範囲にあって，大気のお陰で世界平均では14℃の安定な気温を地球表面で保つことができることが，地表に暖かい循環している水が存在することを可能にし，生命に好適な条件を与えています。もし地球に大気がなければ，太陽から送られる照射線は直接宇宙に反射されて，平均表面温度は-18℃となると言われています。

　幸運にも私達の惑星には大気があります。地球の大気の表面に届く太陽エネルギーの約30%は，雲，大気中の粒子や，海，氷，雪などの輝く地表で反射され宇宙に戻ります。この反射されるエネルギーは地球の気候に影響を与えません。太陽から来るエネルギーの約20%は，大気中で水蒸気，二酸化炭素，ほこり，オゾンなどに吸収され，約50%は大気を通り抜けて地表に吸収されます。したがって，太陽から来るエネルギーのうち，合わせて70%が海洋，陸および大気という地球の表面で吸収されます。海洋，陸および大気が暖まれば，海洋，陸および大気は熱を赤外線という形で大気を通して宇宙に放散します。大気中の水蒸気，二酸化炭素，メタン，酸化窒素，その他の気体分子は，この放射赤外線の形の熱を吸収して地球の気候に影響します。こういう気体を温室効果ガスと言います。

3.2 炭素循環

　産業革命前には，私達は，炭酸同化作用で大気中の二酸化炭素を使って成長する木材を燃料として使い，木材を燃やすことによって二酸化炭素に戻すことだけを繰り返していました。したがって，産業革命前には，人間のいとなみが大気中の二酸化炭素濃度を上げることはありませんで

した。二酸化炭素は，有機物の燃焼，植物や動物の呼吸，植物や動物の分解，石灰岩の分解などによって大気に放出されますが，植物の光合成，海洋への溶解，陸地の風化の結果二酸化炭素と反応するカルシウムなどが炭酸カルシウムなどの固体を造ること，海洋で炭酸塩鉱物として沈むことなどで大気中から除かれ，大気中の二酸化炭素濃度は，生物圏，土壌圏，地圏，水圏および大気圏の生物地球化学的炭素循環によってバランスが保たれていました。このため，人間の生活は，大気中の二酸化炭素濃度を変えて世界の平均気温が14℃という気候を変えてしまうようには影響しませんでした。

3.3　大気中の二酸化炭素濃度　有史以前 280 ppm 現在 415 ppm

　東北大学と国立極地研究所による，大気中の二酸化炭素濃度の歴史的変化の共同研究は，地球温暖化の進行を目で見ることができる最も重要なデーターを私達に与えてくれています [1,2]。これは，私達の世界が，現在の危険な大気中の二酸化炭素濃度の水準まで，如何に考えなしに突き進んで来たかを教えてくれています。この研究者達は，南極の東オン

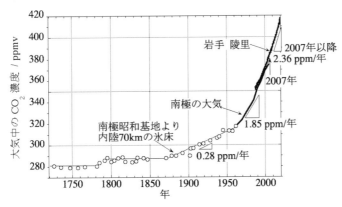

図3.1　東オングル島の北70kmの氷床に記録された南極大陸の歴史的大気の二酸化炭素濃度と南極大陸の大気の二酸化炭素濃度の東北大学理学研究科大気海洋変動観測研究センターから転載許可を得たデーター [1] および岩手県綾里の大気中の二酸化炭素濃度 [3]

グル島から南極大陸に70km入った所の氷床に含まれた大気と南極大陸の外気の二酸化炭素の分析を行っています[1,2]。

図3.1は南極大陸に降り積もった雪が固まった氷床に含まれている昔の大気と、今の大気の分析で求めた南極大陸の大気中の二酸化炭素濃度の歴史的変化[1]と、日本の地方の漁師町岩手県大船渡綾里の大気中の二酸化炭素濃度の測定結果[3]です。日本の自然の大気の二酸化炭素濃度の上昇の傾向は南極の大気の二酸化炭素濃度の上昇の傾向と変わりなく、日本と南極の数値の差は、わずか3-4ppmです。これは、二酸化炭素が一度大気に排出されると、私達の惑星の表面全体に広がってしまうことを示しています。ただし後に記しますように、二酸化炭素の海への溶解度は暖かい海の方が冷たい海より低いので、地球上の暖かいところの大気の二酸化炭素濃度は、寒いところより少し高くなっています。

私達は有史以前から産業革命迄、二酸化炭素濃度約280ppm、即ち百万立方メートルの大気中に280立方メートルの二酸化炭素を含む大気の中で暮らして来ました。1700年代の後半に始まった産業革命の後石炭を焚く蒸気機関の利用によって、大気中の二酸化炭素濃度は増加しましたが、産業革命の後の100年間は10ppm程度の増加に過ぎませんでした。しかし、1870年代から1970年迄の100年間、大気中の二酸化炭素濃度は毎年ほぼ0.28ppmという一定速度で増大しました。この間は、日本では明治維新以降で、産業活動が世界中で広がり、アジアや列強の膨張、第一次世界大戦、第二次世界大戦、その後の先進国の高度経済成長と、産業の発展が先進国で続きました。1970年以降は、地球が処理しきれない大量の二酸化炭素を先進国が排出し続けているため、二酸化炭素は毎年1.85ppmという速さで大気に濃縮して来ました。2007年以降は、先進国だけでなく途上国の産業活動の発展も手伝って、大気の二酸化炭素濃度は、さらに高速に毎年2.36ppmと言う速度で増大しています。その結果、2018年には、大気中の二酸化炭素濃度は415ppmに達しています。

国連気候変動枠組条約締約国会議第4次評価報告書：気候変動2007[4,5]によれば、この大気中の高い二酸化炭素濃度は350万年前の鮮新世

に迄遡ると言われています。私達ホモ・サピエンスが現れたのが 20 万年前に過ぎないのに。鮮新世には，陸と海洋の形は現在の配置にほぼ近くなっていました。大気中の二酸化炭素濃度は 360-400 ppm で，産業革命以前より気温は 2-3℃高く，海面は 15-25 m 高かったそうです。

3.4　520 万年前からの気温の変化

鮮新世の頃からの気温の変化を教えてくれるのが図 3.2 です。この図は鮮新世を含む 520 万年前から現在迄の温度変化を示しています [6]。

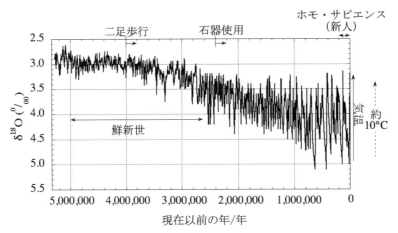

図 3.2　世界の 57 地域の底生有孔虫の炭酸カルシウムの δ¹⁸O の解析結果で得られた温度変化の歴史 [6]

私達ホモ・サピエンスが現れたのは 20 万年前です。私達が存在しているのは図の右上端のホモ・サピエンス（新人）と書かれている期間に過ぎません。温度は $\delta^{18}O$ と表してあります。古い時代の気温を直接測ることはできませんが，水分子には重い分子と軽い分子があって，水温が低いほど重い水の分子が蒸発しにくいということを使って，海洋の水の中の重い水分子の割合を酸素や水素の同位体分析で調べて，古い時代の気温を推定することができます。水分子は二つの水素原子 2H と一つの酸

素原子OからなっていてH_2Oです。原子は正の電荷を帯びた原子核と原子核に結合している負の電荷を帯びた電子から構成されています。原子核は，さらに正の電荷を帯びた陽子と電気的に中性な中性子に分けられます。この陽子の数が原子番号で，元素の性質が陽子の数すなわち原子番号で周期的に変わることがわかって，元素の周期律表が作られました。このように，原子番号は元素を分類している元素の周期律表の位置に対応しています。原子番号で元素の性質が決まっていますから，一つの元素で陽子の数は変わりません。原子の質量は原子核の中の陽子と中性子の数の和の質量数で表されます。陽子の数が変わらない同じ元素の中にも，中性子の数が異なる原子があります。陽子の数が同じ一つの元素で中性子の数が異なる原子を，周期律表の同じ位置に入る同じ元素で質量数が異なる元素という意味で同位元素，同位体と言います。酸素原子の陽子の数は8ですから酸素の原子番号は8，$_8O$で，ほとんどの酸素原子の中性子の数も8で，酸素の質量数は16，$^{16}_8O$です。しかし，酸素原子の中には中性子が10あって，質量数が18，$^{18}_8O$という酸素が0.2%程度あります。^{18}Oを含む水$H_2^{18}O$分子も存在しますが，^{18}Oを含む水分子は^{16}Oを含む大部分の水分子より重く，通常は普通の水分子が蒸発し易く，特に，低温，低水温では重い水分子の蒸発は困難です。したがって，海の中の^{18}Oが多いほど，海水温も気温も低いことになります。古科学では，生きていたときに水を使って身体を作った生き物の身体が今も残っている珊瑚礁や有孔虫類，あるいは氷床から得られる$^{18}O/^{16}O$比のデーターを温度の代用とします。定義は千分率（‰）の$\delta^{18}O$です，

$$\delta^{18}O = \frac{(^{18}O/^{16}O)_{試料} - (^{18}O/^{16}O)_{標準}}{(^{18}O/^{16}O)_{標準}} \times 1000 \ (^0/_{00}) \tag{3.1}$$

　水中の$\delta^{18}O$の値が大きいほど，水温も気温も低いと言うことです。貝殻を持った最古の生物の仲間の有孔虫類は，彼らが生きていた時の水から炭酸塩の貝殻を作りました。海底に堆積している有孔虫類の貝殻か

ら $^{18}O/^{16}O$ 比を求めれば，その有孔虫類が生きていた時の $\delta^{18}O$ が得られます。その値が大きいほど，彼らが暮らしていた時の気温が低かったことになります。図3.2は，地球上の57の地点で，海底の有孔虫類の貝殻の同位体分析を行って推定した温度です。350万年前から約100万年前迄250万年の時間をかけて，気温が低下しています。この気温の低下は，あとで述べますように，大気中の二酸化炭素濃度がこの間に下がったためと言われています。

3.5　42万年前からの気温と大気中の二酸化炭素濃度の変化
　　　ミランコビッチサイクル

　図3.2では，古い時代の気温が振動し，特に100万年前以降現代までは振動が激しく，気候を良く理解できません。もっと短い期間，現代から42万年前までの気候の歴史的変化については，フランス，ロシア，アメリカが興味深い共同研究を行っています。1998年にこの共同チームは，南極大陸の東のロシアのボストーク基地で，堆積している氷床に3,623mの深さまでドリルで孔をあけ，堆積している氷の試料を取り出し，気候の歴史の解析を行いました。雪は年々層になって堆積しますから，毎年の層から年代を推定することができますが，それとあわせて大気から雪と共に落ちてきたベリリウム ^{10}Be [7] のような年代のマーカーの氷床の層ごとの量から，それぞれの試料の年代を推定しました。年代のマーカーとして良く耳にするのは炭素で，木材などの年代の推定には，炭素 ^{14}C がよく知られています。放射性 ^{14}C と放射性 ^{10}Be は，宇宙線の衝突によって，大気中の窒素と主に酸素の原子核が壊されて起こる核破砕で生まれました。^{14}C と ^{10}Be のどちらも原子核からベータ線（電子線）を放出する β 崩壊を起こします。原子核の中の一つの中性子が β 線を出して一つの陽子に変わるので，β 崩壊の結果原子核の中の陽子の数（原子番号）が一つ増え，原子番号が6の炭素から7の窒素に変わり，また原子番号が4のベリリウムから5のホウ素に変わり，結局，安定な窒素Nと

ホウ素Bになります。放射性を * で表すと，β崩壊は${}^{14}_{6}C^* \to {}^{14}_{7}N$および${}^{10}_{4}Be^* \to {}^{10}_{5}B$です。${}^{14}C$や${}^{10}Be$のような放射性核種が，放射線を出すことによってその放射性核種の量が半分になる迄の時間を半減期と言います。${}^{14}C$の量が半分になる迄の時間である半減期は5,730年ですから最高2万6,000年前迄の年代推定に使われています。一方，${}^{10}Be$は半減期が138万7,000年と長いので，雪の層に載った${}^{10}Be$はずっと古い年代の推定に用いられます。新しく産まれた${}^{10}Be$量からの減少分が年代に相当します。

　共同チームが解析した氷床の試料は42万年前まで遡りました。氷床の試料を融解させずに機械的に破砕して氷床の中の大気を抽出し，昔の大気の二酸化炭素濃度の分析にも用いました。気温も氷床の試料を溶融して同位体分析によって推定しました。蒸発した水が雪の形で堆積している場合は，蒸発した時の重い水と普通の水との比が氷床を形成している堆積している氷の中に保たれています。古代の気温の推定には${}^{18}O/{}^{16}O$比の他に，重水素Dと普通の水素Hとの比のD/H比も使うことができます。水素は原子番号が1で原子核に含まれる陽子は一個です，${}_1H$。普通の水素Hの原子核は一つの陽子だけからできています，${}^1_1H$，が，重水素Dの原子核は一つの陽子と一つの中性子からできていて質量数は2です，${}^2_1D$。重水素は水素全体の0.0156％ですが，冷たい水からHDOがH_2Oより蒸発しにくいことは$H_2{}^{18}O$と$H_2{}^{16}O$の関係と同様です。したがって，放射性ではなく時間と共に量が変化しない同位体の分析を酸素$\delta^{18}O$あるいは水素δDで行うと，分析した氷床を生成させた海水が蒸発した時の気温を推定できます[8,9]。

　フランス，ロシア，アメリカの共同研究で，気温と大気中の二酸化炭素濃度の変化の歴史[10-15]が明らかになりました。図3.3[10]および図3.4[12]に示します。

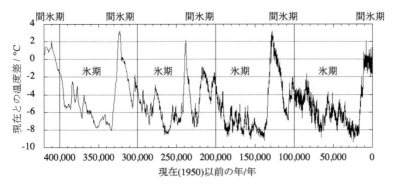

図3.3　南極大陸ボストークの氷床から推定した歴史的同位体温度 [10]

　図3.3は δD を気温の推定に使って得られた気温の変化です。42万年前から現在迄の間に4つの氷周期があったことが分かります。それぞれの一氷周期は約10万年で，長い氷期と1万5,000年から2万年の短く暖かい間氷期からなっています。氷期と間氷期の間の温度差はほぼ10から12℃程度です。私達が暮らす現在の間氷期は約1万1,000年前に始まりました。

　このような気候のパターンは，ミランコビッチサイクル [16] と呼ばれています。地球の温度は，私達の惑星に届く太陽光の密度で決まります。これには，太陽と私達の惑星の距離が最も大きく影響します。セルビアの地球物理学者であり天文学者でもあった Milutin Milancović が1920年代に，太陽を回る地球の軌道の形，地軸の傾き，地軸の歳差運動が気候のパターンに大きな影響を与えることを理論的に示しました。地球の軌道の形は，時間と共に真円に近い状態からわずかに楕円になった形に変化します。軌道の形（離心率）の主要な成分は41万3,000年周期ですが，他のいろいろな要素が9万5,000年から12万5,000年で変わりますので，全体としてだいたい10万年周期で変わります。今は地球の軌道が真円に近く，一番暖かい間氷期ですが，地球と太陽の距離は最大で1,827万km変わりますので，この距離の変化が主として太陽光の照射量に影響します。これが10万年の氷周期の原因です。

地軸の傾きは21.5度と24.5度の間で約4万1,000年の周期で変わります。陸地と太陽光を反射し易い海との割合が違う北半球と南半球では，地軸の傾きの変化は季節差に異なる影響をすることなどで，気候に影響しています。1万8,000年から2万3,000年の周期の地軸の方向の歳差運動は太陽と月がほとんど同程度に作用する潮汐力によるものですが，これも地軸の傾きの変化と同じように気候に影響します。図3.3の気温のパターンはこの地球と太陽の関係でおおむね説明できると言われています。

　図3.4は大気中の二酸化炭素濃度の変化です。大気中の二酸化炭素濃度は気温の変化と同じように周期的に上下して，図3.3の気温の変化とほぼ同期しています。図3.3に図3.4を重ねた図3.5で明らかなように，大気中の二酸化炭素濃度は気温の変化に追随しています。大気中の二酸化炭素濃度は間氷期の約280ppmと氷期の約180ppmの間で上下しています。これらの値は現在の400ppmを越えた大気中の二酸化炭素濃度よりずっと低い値です。大気中の二酸化炭素濃度は，気温が変化すると，大気中の二酸化炭素が海洋に溶け込む量が変わることによって決まります。気温が下がると海洋の温度も下がるので，冷えたビールや炭酸飲料と同じで海洋中に二酸化炭素が溶け込む量の溶解度が高くなって，大気から海洋に二酸化炭素が沢山溶け込みます。その結果大気中の二酸化炭素濃度が下がります。逆に気温が上がり，海水温が上がると，気の抜けたビールや炭酸飲料のように海洋の二酸化炭素は大気に吐き出され，海洋の二酸化炭素濃度は下がり，大気中の二酸化炭素濃度が上がります。このように，図3.5に示すこの期間には，地球上の二酸化炭素の総量はあまり変わらずに，二酸化炭素濃度は大気中と海洋中の間で平衡になっていて，大気中の二酸化炭素濃度は気温で決まり，気温が高いほど高くなります。このように大気中の二酸化炭素濃度は気温の変化に追随しています。そうであっても，大気中の二酸化炭素濃度が上がると温室効果が強まりますので，さらに気温が上がります。その結果，さらに二酸化炭素が海洋から吐き出されて，大気中の二酸化炭素濃度が上がります。逆に大気中の二酸化炭素濃度が下がると温室効果が弱まって，さ

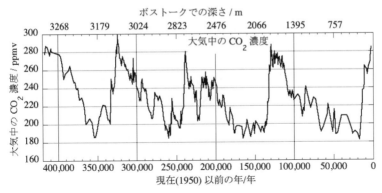

図3.4　南極大陸ボストークの氷床に記録された歴史的な大気中の二酸化炭素濃度 [12]

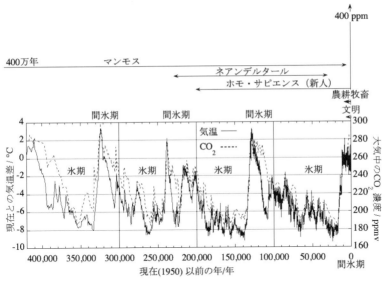

図3.5　歴史的気温の図3.3と歴史的な大気中の二酸化炭素濃度図3.4を重ねた図

らに気温が下がり，海洋の温度が下がるために二酸化炭素の海洋への溶解量が増し，大気中の二酸化炭素濃度がさらに下がります。このように，気温と大気中の二酸化炭素濃度は相互依存しています。勿論主な要因は，気温の変化であって，大気中の二酸化炭素濃度は地球と太陽の関係で決まっています。

17

図3.2では，100万年前迄は温度が下がる傾向が見られますが，100万年前以降はミランコビッチサイクルによる温度変化だけが顕著です。したがって，100万年前以降は地球上の二酸化炭素の総量はあまり変わらずに，大気と海洋の二酸化炭素濃度が平衡になっていて，温度に応じて間氷期には大気中の二酸化炭素濃度は約280ppm，氷期には最低のときに約180ppmと約10万年の周期で上下することが，最近100万年間続いていたものと思われます。この100万年間の大気中の二酸化炭素濃度の値は，現在の400ppmを超えた値より遥かに低い値です。

3.6　助け合う特性で智慧を育んだ人間だけが生き延びられた

　これらの年代の間に私達の惑星上ではいろいろなことが起こりました。マンモスの仲間として知られる最初の種は，鮮新世に南アフリカで生まれ，涼しい乾燥草原を追って世界に広がりました。北海のウランゲル島では，4,000年前迄生き残ったマンモスの化石が見つかっています。50万年前には北京原人が洞窟で火を焚いていたそうです。ネアンデルタール人は約23万年前に，私達ホモ・サピエンス（新人）は約20万年前にどちらも東アフリカで産まれたと言われています。ホモ・サピエンスは数万年前には，寒いヨーロッパに来て，先にヨーロッパに来ていたネアンデルタール人を見ていました。アフリカの人達にはありませんが，私達のDNAにネアンデルタール人のDNAが見られるそうです。しかし，これは2％程度とほんの少しなので，ネアンデルタール人と私達の交流はあまりなかったようです。もっとも，ヨーロッパのある特殊な病気に対する免疫を私達はネアンデルタール人からもらったのではないかと言われています。ネアンデルタール人は，私達ホモ・サピエンスより身体も脳も大きかったそうです[17]。私達より強かったネアンデルタール人は，大型あるいは中型の動物を狩って暮らしていました。一度獲物を捕まえればしばらく食べることができました。このため，ネアンデルタール人は，他の肉食の動物と同じように，家族単位というような小さな集団で

暮らしていて，狩猟技術を改良する必要もありませんでした。しかし，小さい集団では，食べること以外に教え合うこともありませんから，言語が発達しませんし，生活の新しい技術も生まれず広がりません。だんだん寒冷化が進んだ最後の氷期には，乏しい獲物を捕まえるのが難しくなり，孤立した小さな集団では逆境の時に種の保存が困難になって，約3万年前に滅びたということです。

　これに対し，ネアンデルタール人より力の弱いホモ・サピエンスは，100人あるいはそれ以上の集団で暮らしていたそうです [17]。集団で狩りをしていましたので，狩りの仕方も改良すれば教え合うことができ，狩りは上手になりました。女性は，互いに教え合って，小さい獲物を捕まえ，食べられる植物を採集していました。ホモ・サピエンスは乏しい食料を分け合うということもしていました。助け合い協力するというのは，弱いホモ・サピエンスだけの特徴で，DNAに印刷されていると言われています。例えば，小さな赤ちゃんが大好きな人に，食べかけのお菓子などを分けてくれるのは，教えられたというより，生まれた時から備わっていた自分の好きなものでも分け合うという特性のように思われます。また，赤ちゃんの心の動きを科学的に解き明かすNHK地球ドラマチック，"赤ちゃんラボにようこそ"ではこんな場面がありました [18]。2つの眼のある丸が坂を登って行きます。すると，2つの眼のある四角が登ろうとする丸を下に押し返します。そこに，2つの眼のある三角が来て丸を後押しして上に登らせてくれます。そこまで赤ちゃんが見た後，意地悪をした四角と助けてくれた三角をそろえて赤ちゃんの前に置きます。対象は12ヶ月以下の赤ちゃんです。お母さんに抱かれている赤ちゃんはみんな迷うことなく助けてくれた三角をつかみます。一番小さかったのは生後7ヶ月の赤ちゃんです。身を乗り出して迷うことなくすぐに三角をつかみ口に持って行ってなめていました。集団の中でお互いに助け合うことで，創意工夫の結果が広がり，みんなが豊かな生活になります。みんなの幸せのために努力することが自分の幸せに繋がるとして生きることがホモ・サピエンスだけが備えている特性なのでしょう。

助け合い協力することから新しい知識，人の智慧は育まれました。約7万年前にスマトラ島の火山が大爆発し急に気温が下がり寒冷化が数千年続いた最後の氷期に，多くの生き物が滅びて，ホモ・サピエンスの人口も1万人以下に減ったと言われています。しかし，助け合っていたので寒い氷期も生き延びることができて，暖かい間氷期を迎え，今の繁栄があるのでしょう。この惑星の生き物で，互いに助け合うことができる生き物は他にありません。助け合うという私達だけがもっている特性のお陰で智慧が発達しました。

　図3.3，図3.4，図3.5の横軸の一目盛りは1万年に相当します。1万1,000年くらい前から始まった現在の間氷期の気候は，現在の生きもの全てに健康な生活を与えてくれていましたから，現在の間氷期が始まって1,000年位経った今より1万年前頃から，私達の先祖は野生の動物や植物を育てる牧畜や農耕を始めることができました。文字を使う古代エジプト，メソポタミア，インダス文明は5,000年前からに過ぎませんし，黄河文明は4,000年前頃からに過ぎません。島国で外界との交流がなかった日本では，狩猟・漁撈・採集の生活が3,000年前くらい迄続き，その間に，世界に類を見ない芸術性を重んじる余裕がある豊かな縄文土器土偶文化が発達しました。代表的な例は，食料を煮るのに使った容器に，煮炊きをする女性が道具の美を競い合ったと思われる不便であっても沢山の複雑な飾りが着いている火炎型縄文土器です。

　結局，私達は化石燃料を燃やすことがなかったので，文明の始まる前から約280ppmの二酸化炭素を含む大気の中で暮らして来ました。

3.7　最後に大気中の二酸化炭素濃度を下げてくれたのは　　ヒマラヤの造山活動

　図3.2に見られる鮮新世の350万年前位からの大気中の二酸化炭素濃度の減少については説明があります[19]。約5,000万年前に，インド亜大陸がユーラシア大陸に衝突して互いに押し合いが始まりました。そ

の結果，約2,000万年前頃にヒマラヤチベット中央山塊が海洋から顔を
出し始め，約700万年前頃には3,000m位の高さになりました。鮮新世
の500万年前から250万年前頃には特にヒマラヤチベット中央山塊の成
長が激しく，最高の高さでは9,000m近く，幅が約3,000kmに達しまし
た。突然現れたこの高い広い壁が，350万年前頃から，アジアの季節風
であるモンスーンを強め，インド洋の水蒸気を含んだ風が山塊に吹き
付け，ヒマラヤチベット中央山塊の壁を削りました。岩石の主成分であ
るケイ酸塩が浸食の結果大気の二酸化炭素を取り込み炭酸カルシウムの
ような炭酸塩の固体を造り，結局250万年くらいかけて大気中の二酸化
炭素濃度を下げて，図3.2に見られるように気温を下げる寒冷化をもた
らしたということです。例え，激しい造山活動がヒマラヤチベット中央
山塊を高く持ち上げ，それで引き起こされたモンスーンが山塊を浸食し
ても，400ppmあった大気中の二酸化炭素濃度を，間氷期と氷期の間で
280ppmと180ppmの振動をするレベルまで下げるのに，250万年かかっ
たということです。したがって，人の努力で大気中の二酸化炭素濃度を
今の400ppm以上から産業革命前の280ppmまで，下げることは不可能
です。

　私達ができることは，ただ二酸化炭素の排出を減らすことしかありま
せん。これは，世界が協力しないと出来ません。

3.8　大気中の二酸化炭素濃度の季節変動

　図3.6[3]に日本の3つの地域での大気中の二酸化炭素濃度の月ごとの
変化を示します。

　綾里は東京の北北東約450kmの岩手県にあって，夏は気温がしばし
ば30℃を越え，冬には雪が降ります。植物が二酸化炭素を消費する炭
酸同化作用による光合成が一番活発な8月に，大気中の二酸化炭素濃度
は最低になります。紅葉の時期から冬を経て木の芽時までは，植物が二
酸化炭素を放出する呼吸作用が炭酸同化作用に優先するので，大気中の

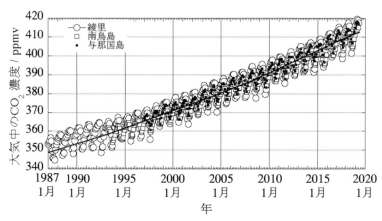

図3.6　温帯の綾里および亜熱帯の南鳥島と与那国島の大気中の二酸化炭素濃度の月別変化 [3]

二酸化炭素濃度が高くなります。

　南鳥島は東京から南東約1,860 kmにある日本の最東端の島で，与那国島は九州の南端から南西1,000 km以上離れた日本の最西端の島です。両島とも綾里より大気中の二酸化炭素濃度の変化が少ないのは，気候の季節変動が少ない亜熱帯にあるからです。綾里が温帯にあり，2つの島は亜熱帯にあるといっても，年間平均の大気中の二酸化炭素濃度はほとんど同じで，このことも地球表面の大気の二酸化炭素濃度は，どこでもほとんど変わらないことを示しています。大気中の平均二酸化炭素濃度が連続的に少し上向きにカーブして上がっていることは，大気中の二酸化炭素濃度の増え方がさらに上がっていることを示しています。図3.6からわかるように，季節に応じた植物の活動による大気中の二酸化炭素濃度の増減は高々10-20 ppmです。大気中の二酸化炭素濃度を減らすのを植物に頼ることはできません。

　私達ができることは，大気中の二酸化炭素濃度がさらに増えることを避けることだけです。

3.9　いろいろな生き物が誕生したのはその時の気候が
その生き物が生きるのに最適だったから

　地球が誕生した46億年前には大気中の二酸化炭素濃度は5気圧以上
あったと言われています。大気中の二酸化炭素の多くは私達の惑星上で
は固体の形で捕まえられ，産業革命前の水準迄の最後の減少が鮮新世に
起こりました。私達の惑星上ではいろいろな生き物が誕生しました。恐
竜は，2億3,000万年前から6,500万年前まで栄えました。恐竜が栄えて
いたことについては次のように説明されています。大気中の二酸化炭素
濃度と気温が高く植物が光合成をしやすい環境であったので，恐竜時代
の前に，松や杉などの仲間の裸子植物が今の松や杉などより柔らかく
て大きな葉っぱをもって100mくらいの高さの豊かな森を造っていまし
た。最初の頃の恐竜は体長3-4mでしたが，背の高い木の柔らかい大き
な葉を食べようと，背丈を延ばし，ついにはセイスモサウルスやブラキ
オサウルスのように，体長30m，体高15m位の巨大な身体になりまし
た。恐竜が栄えたのは，今の生き物の多くが生きられない高温と高い二
酸化炭素濃度の大気のもとで，1頭で1日に600kgから1,000kg（1トン）も
葉を食べる恐竜を養える巨大な森ができていたからでした。このように，
その時その時の気候と大気中の酸素や二酸化炭素濃度がその生き物が生
きて行くのに適していて，必要な食べ物が得られたため，いろいろな生
き物が産まれました。しかし，多くの生き物は気候の変化に順応できな
かったので絶滅していきました。現在の全ての生き物は，1万1,000年続
く現在の間氷期の私達にとって穏やかな気候のお陰で生きています。
　大気中の二酸化炭素濃度が氷期の約180ppmと間氷期の約280ppmの
間で10万年周期で上下していたと思われる最近100万年間を1mの長さ
で表すと，図3.5の42万年間は42cmに対応し，100年間は0.1mmの幅
に相当します。最近100年のこのわずか0.1mmの間に図3.5右端のよう
な400ppmを越えるように，大気中の二酸化炭素濃度を私達が上昇させ
たので，350万年前の二酸化炭素濃度になったと言われています。今の

ほとんどの生き物は350万年前の気候の中で暮らした経験がありません。多くの生き物が350万年前の気候に順応できない可能性があります。人の祖先がチンパンジーやボノボの祖先と別れたのが700万年くらい前で，350万年前は，図3.2に書き入れてありますように，直立二足歩行が始まったと言われる約400万年前からいくらも経過していません。初めて道具として，動物の肉を切ったり皮を剥ぐのに石のフレークを使うことを見つけた最初のヒト族のホモ・ハビリスが現れたのが約240万年前と言われています。350万年前はそれより100万年以上さかのぼります。他の動物より運動能力が劣る二足歩行の猿人が，主として木の葉，根，果実，木の実などを食べていた時代で，他の動物の食べ残しの肉をあさってさまよった時より100万年近く前の時代です。そんな時代の気候への変化は，現在の多くの生き物の生存を危うくします。

　人類の進化を見ると，石器を使い高温多湿な洞窟で暮らすようになると，外傷を受けないように保護するという体毛の役割はいらなくなり，発汗作用を促すため体毛が無くなりました。20万年前にアフリカの熱帯で産まれたホモ・サピエンスは紫外線から身体を保護するためにメラニン色素を皮膚や毛髪に沈着していました。ところが，曇り空が多く太陽光線が弱い高緯度のヨーロッパに進出すると，紫外線が少なくビタミンDが不足するため，メラニン色素を減らして紫外線を取り込もうとして，コーカソイドと呼ばれる人になったと言われています。さらに，寒さの厳しい北方ユーラシアに進出した人々は，手足を短くし，顔の凹凸をなくして表面積を減らすことによって寒さに耐えられるようにし，地表面の氷雪からの強い紫外線に耐えるため再びメラニン色素を増やすと同時に黄色い色素を追加して私達モンゴロイドになったそうです。ホモ・サピエンスのこれらの進化にはいずれも数多くの世代を要したはずです。生物の歴史から見れば100年と言ういわば瞬間に起こった気候変動に，進化で対応できる生き物はいません。私達はいろいろなことに対処できますから，この気候変動が私達人類を滅ぼすことはないでしょうが，自然の他の生き物達は350万年前の気候に直接曝されることになります。

化石燃料の燃焼を止めて，再生可能エネルギーを使うだけにすることで，二酸化炭素排出を避けることが如何に重要かを私達は認識する必要があります。

文献

[1] T. Nakazawa, T. Machida, M. Tanaka, Y. Fujii, S. Aoki, O. Watanabe: Atmospheric CO_2 concentrations and carbon isotopic ratios for the last 250 years deduced from an Antarctic ice core, H 15, Proceedings of Fourth International Conference on Analysis and Evaluation of Atmospheric CO_2 Data, Present and Past, pp.193-196（1993）．http://caos.sakura.ne.jp/tgr/observation/co2

[2] S. Morimoto, T. Nakazawa, S. Aoki, G. Hashida, T. Yamanouchi: Concentration variations of atmospheric CO_2 observed at Syowa Station, Antarctica from 1984 to 2000, Tellus, Vol.55B, pp.170-177（2003）

[3] 気象庁 http://ds.data.jma.go.jp/ghg/kanshi/obs/co2_monthave_ryo.html.

[4] IPCC Fourth Assessment Report: Climate Change 2007: Working Group I: The Physical Science Basis

[5] A. M. Haywood, H. J. Dowsett, P. J. Valdes, D. J. Lunt, J. E. Francis, B.W. Sellwood: Introduction. Pliocene climate, processes and problems, Phil. Trans. R. Soc. A 13 January 2009.doi: 10.1098/rsta.2008.0205.

[6] L. E. Lisiecki, M. E. Raymo: A Pliocene-Pleistocene stack of 57 globally distributed benthic $\delta^{18}O$ records, Paleoceanography, Vol. 20, PA1003, doi: 10.1029/2004PA001071, 2005

[7] M. Brinkman: Ice Core Dating, Last Update: January 3, 1995, http://www.talkorigins.org/faqs/icecores.html

[8] D. A. Peel, R. Mulvaney, B. M. Davison: Stable-istope / air-temperature relationships in ice cores from Dolleman Island and the Palmer Land plateau, Antarctic Peninsula, Annals of Glaciology, Vol. 10, pp.130-136（1988）

[9] 檜山哲也，阿部　理，栗田直之，藤田耕史，池田健一，橋本重将，辻村真貴，山中　勤：水の酸素・水素安定同位体を用いた地球水循環研究と今後の展望，水文・水資源学会誌，Vol.21, No.2, pp.158-176（2008）

[10] J. R. Petit, D. Raynaud, C. Lorius, J. Jouzel, G. Delaygue, N. I. Barkov, V. M.

Kotlyakov: Historical Isotopic Temperature Record from the Vostok Ice Core, http://cdiac.ess-dive.lbl.gov/trends/temp/vostok/jouz_tem.htm（Revised January 2000）

[11] J. Jouzel, C. Lorius, J. R. Petit, C. Genthon, N. I. Barkov, V. M. Kotlyakov, V. M. Petrov: Vostok ice core: a continuous isotope temperature record over the last climatic cycle（160,000 years）, Nature, Vol. 329, pp.403-8（1987）

[12] J.-M. Barnola, D. Raynaud, C. Lorius, N. I. Barkov: Historical Carbon Dioxide Record from the Vostok Ice Core, http://cdiac.oml.gov/trends/co2/vostok.html
http://cdiac.ess-dive.lbl.gov/trends/co2/vostok.html（Revised February 2003）

[13] J.-M. Barnola, D. Raynaud, Y. S. Korotkevich, C. Lorius: Vostok ice core provides 160,000-year record of atmospheric CO_2, Nature, Vol. 329, pp.408-414（1987）

[14] J. R. Petit, I. Basile, A. Leruyuet, D. Raynaud, C. Lorius, J. Jouzel, M. Stievenard, V. Y. Lipenkov, N. I. Barkov, B. B. Kudryashov, M. Davis, E. Saltzman, V. Kotlyakov: Four climate cycles in the Vostok ice core, Nature, Vol. 387, pp. 359-360（1997）

[15] J. R. Petit, J. Jouzel, D. Raynaud, N. I. Barkov, J.-M. Barnola, I. Basile, M. Bender, J. Chappellaz, M. Davis, G. Delaygue, M. Delmotte, V. M. Kotlyakov, M. Legrand, V. Y. Lipenkov, C. Lorius, L. Pepin, C. Ritz, E. Saltzman, M. Stievenard: Climate and atmospheric history of the past 420,000 years from the Vostok ice core, Antarctica, Nature, Vol. 399, pp.429–436（1999）. （3 June 1999）| doi:10.1038/20859.

[16] M. Milankovitch: Kanon der Erdbestrahlungen und seine Anwendung auf das Eiszeitenproblem, Spec Publ, R. Serb. Acad., Belgrade, Vol. 132, pp.1-633（1941）.

[17] NHKスペシャル：第2集，2018年5月13日午後9時，最強のライバルとの出会いそして別れ

[18] NHK Eテレ，2019年5月4日午後7時，地球ドラマチック，赤ちゃんラボにようこそ

[19] 安成哲三：ヒマラヤの上昇と人類の進化, ヒマラヤ学誌, No.14, pp.19-38（2013）. http://mausam.hyarc.nagoya-u.ac.jp/~yasunari/list/pdf/yasunari.himarayagakushi.2013.pdf

第4章　温室効果と地球温暖化

　20世紀の初めから世界の平均気温は1℃以上上がりました。北半球で
は，第2次世界大戦後から1970年台半ばまで寒冷化の傾向が見られまし
た。これはかつてなかった大量の埃やスモッグ粒子を人間活動が排出し，
これらが太陽光を遮蔽したためと言われています。1970年代後半には，
先進国の大気汚染がほとんど収まり，大気中の二酸化炭素濃度の急上昇
が明らかになって，温室効果が問題になりました。気温の上昇は年と共
に速められ，2007年からの10年間に0.26℃上昇しました。地球温暖化に
誘起された異常気象は世界各地に多数の死者を伴う災害を引き起こして
います。化石燃料燃焼を止めることを全世界の協力で至急実行しなけれ
ばなりません。

　キーワード：急速な気温上昇，異常気象，各地で災害頻発

4.1　地球の気温の変化

　図4.1と図4.2に世界の年間平均気温の1981年から2010年の30年間の
平均値を基準にした1891年から2017年迄の南半球と北半球の年間平均
気温の変差値を示します [1]。
　南半球では，20世紀の始めから，ほとんど連続的に1℃弱気温が上が
りました。まだ大気中の二酸化炭素濃度が300ppmまでは上がっていな
かった20世紀の始めには，仙台でも気温が低く，屋外の湖でスケート
ができるほどの寒さでした。仙台は，2014年のソチオリンピックと2018
年の平昌オリンピックの男子フィギュアスケートで金メダルを獲得した
羽生結弦さんが生まれ育ち，2006年のトリノオリンピックの女子フィ
ギュアスケートで金メダルを取った荒川静香さんが1歳4ヶ月から育っ

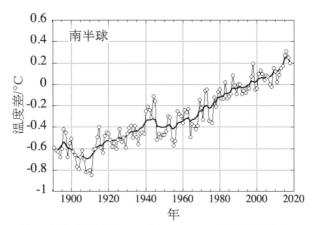

図4.1　世界の年平均気温の1981年から2010年の30年間の平均値からの
南半球の1891年から2017年の年平均気温の変差 [1]

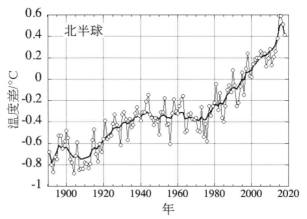

図4.2　世界の年平均気温の1981年から2010年の30年間の平均値からの
北半球の1891年から2017年の年平均気温の変差 [1]

た町として知られています。この2人は勿論屋内スケートリンクでスケートを学びましたが，実は仙台はフィギュアスケート自体の日本の発祥地として知られています。仙台の繁華街に近く，仙台城の入り口の五色沼という小さな湖で，19世紀の終わりに，仙台在住のアメリカ人からフィギュアスケートを学んだそうです。1900年から1930年位迄は，旧制

二高の学生達が競走用の長いブレードの靴ではなく，短いブレードの先にトウピックというギザギザがついたフィギュアスケート用の靴を履いて，五色沼で8の字を書いていたと言われています。私の父もその一人だったそうです。1931年には第2回全日本フィギュアスケート選手権大会が行われたと記録に残っています。これはオリンピック選手を選ぶ大会だったという話です。記録を見ると1932年のアメリカのレークプラシッドの第3回冬季オリンピックの選手選考会でもあったようです。このため，荒川静香さんと羽生結弦さんのモニュメントが五色沼の向かいの地下鉄の駅前に置かれています。このことは，20世紀はじめのこの寒かった冬より，産業革命前はもっと寒い冬が普通だったということを教えてくれます。

　20世紀に入って気温は上がり続けましたが，第二次世界大戦後北半球では寒冷化の傾向が見られました。このため1970年代の半ば迄気温は世界では注目されませんでした。冬にも晴れ間の多い太平洋側の仙台では，東北地方の日本海側より降雪量は少ないのですが，1970年代半ば迄は，子供達が一冬の間に何回も庭に雪のかまくらや滑り台を造って遊んでいました。もっとも，五色沼でスケートができるほどの寒さではありませんでしたが。しかし1970年代の後半からは北半球の気温は南半球よりもっと速い勢いで上がっています。世界の気温が連続して上がるので，気象学者だけでなく世界中が気温上昇を心配するようになりました。

　第二次世界大戦の後の寒冷化の傾向については次のような説明がされています。人類の活動は大気中に二酸化炭素だけでなくほこりやスモッグの粒子を排出しました。ほこりやスモッグの粒子は太陽光を遮り，世界を冷却します。第二次世界大戦の後，先進国が高度経済成長でかってない大量のほこりやスモッグの粒子を排出しました。これは先進国による大気汚染です。高度経済成長時代の後半，主として1960年代から1970年代初めに，日本でも大気汚染や水質汚染公害が多発しました。亜硫酸ガス（二酸化硫黄）による喘息は，石油コンビナート由来では四日市喘息，製紙工場の排ガスでは富士喘息などが知られています。

水質汚染では，メチル水銀による中枢神経疾患を起こした水俣病，岐阜県の亜鉛精錬所が排出したカドミウムを含む汚染水が神通川を下って富山県で起こした骨および腎機能障害から始まるイタイイタイ病があります。イタイイタイ病は，骨がカドミウムで被毒して起こる骨軟化症によって，激しい骨の痛みのために患者がイタイイタイと泣き叫ぶことから名付けられました。

　有機水銀中毒の水俣病については，アメリカ人の写真報道家William Eugene Smith とその妻 Aileen 美緒子 Smith の共著の写真集が1975年にアメリカで出版され，世界中を震撼させました。熊本の化学工場が1932年から1968年までアセトアルデヒド製造工程で副生したメチル水銀を含む工業廃水を水俣湾に排出し，メチル水銀が魚介類の食物連鎖によって生物濃縮し，これらの魚介類を知らずに摂取した不知火海沿岸の住民にメチル水銀中毒が発生しました。夫妻は1971年から1973年まで水俣に住んで，患者や家族と信頼関係を築きながら，写真を撮り続けました。特に，1972年6月にLIFEに掲載された「入浴する智子と母」が，最初に世界に衝撃を与えました。16歳の上村智子さんは，胎児性水俣病患者で，肢体不自由で，目が見えず，口もきけません。母親の良子さんは「智子は私が食べた水銀を全て吸い取って一人で背負ってくれたので，私も後から生まれた弟達も皆元気です。智子は我が家の宝です」と言います。昔の古い日本の家庭の湯船で，見えない目をいっぱいに開けて上を見ている智子さんを横抱きにして，良子さんが智子さんの顔を慈しむように見つめている思わず涙を誘う写真です。

　これが，高度経済成長の暗い影の部分です。今なお生きて公害病に苦しむ患者さんがいます。水俣病については，William Eugene Smith 生誕100年の記念映画 "Minamata" が，Johnny Depp 主演で近く作られるそうです。

　このような公害病は，日本では1970年代初めには，裁判で争われるところまで行きましたが，これらに比べれば，ほこりやスモッグの粒子の排出は公害病としてはあまり問題になりませんでした。しかし，この

時代には，活発な産業活動の象徴は，全ての工場の煙突から黒，黄，灰，白などいろいろな色の煙がもくもくと立ち上ることでした。そのため，大気汚染は1970年代前半まで続きました。このように，1970年代前半迄の北半球の寒冷化は先進国の盛んな産業活動による大気汚染によって引き起こされました。実際，ほこりやスモッグの粒子は数週間で沈下しますが，二酸化炭素は数百年以上大気に留まります。先進国の大気汚染がだいたいおさまった1970年代後半には，大気中の二酸化炭素の増大が顕在化しました。特に2007年以降10年間に世界平均の気温は0.26℃上がっています [1]。

　第二次世界大戦以降のきわめて盛んな産業活動による経済の高度成長は，生物地球科学的炭素循環では処理しきれない大量の二酸化炭素を排出し，大気中の二酸化炭素濃度を一貫して増大させました。その結果，大気中の二酸化炭素濃度の上昇による温室効果は増強され，気温上昇と海面上昇をもたらしています。

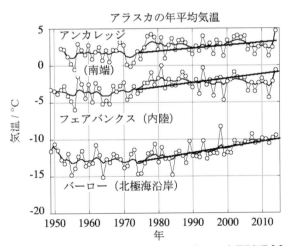

図4.3　アラスカの3つの都市の1949年から2014年までの年平均気温 [2]

　高緯度地域では気温上昇は特に高速です。図4.3 [2] はアラスカの3都市の年平均気温の変化を示しています。バーローは北極海岸，フェアバ

ンクスは内陸，アンカレッジは南端のクック湾の端にあります。北半球の大気汚染の影響による寒冷化が収まった1970年代半ば以降，これら3つの都市で気温は世界の平均気温より急速に上がっています。特に，極地に近づくほど気温の上昇が激しくなっています。

4.2 異常気象と各地の災害

　バーローの東約500kmの北極海岸のデッドホースでは，2016年7月13日に気温が29.4℃に上がったと伝えられています [3]。シロクマが絶滅する時が近づいていると考えなければなりません。2016年7月24日のワシントンポストはクエートのミトリバーで7月21日に焼け付くような華氏129.2°F（54.0℃）という，世界で信頼できる測定が始まって以来世界最高の温度を記録したと報じました [4]。その後は高温が世界のニュースにならないほど温暖化は進んでいます。

　海岸線や瀬戸が海に沈むだけでなく，極端な高温は，異常な天候，極端な気象，豪雨，旱魃，氷河や氷床や永久凍土の溶融，海面上昇に加えて，熱帯の海に異常な強さのサイクロン，台風，ハリケーンを発生させます。地球温暖化による海面上昇は島嶼国には深刻な問題ですが，日本では温暖化の兆候は顕著ではありませんでした。しかし，温暖化の影響は日本でも近年見られるようになって来ました。これまで一般に台風は日本の西側を襲い，東北に来る迄には弱まっていました。しかし2016年8月には，東京の北北東約450kmにある岩手県の大船渡付近に上陸した台風10号が，岩泉町の小さな川の岸の山の集落を直接襲いました。1時間の降雨量は通常の1ヶ月の値でした。雨の大量の水は蛇行する川を曲がりきれず，山から引き抜かれた木が積み重なってダムができました。このため，川の洪水だけでなく，裏山から滝が家屋に襲いかかりました。水はたちまち一階の天井迄達し，老人ホームの寝たきり老人9人を含む27人もの人が亡くなりました。北海道の東側は，観測が始まって以来一度も台風に直接襲われたことはありませんでしたが，2016年8月の10日間に3つの台風に次々と

襲われました。広い面積の洪水で 2 人の人が亡くなり，農業生産物は大きな被害を受けました。2018 年 7 月には，西日本で豪雨と泥流が先祖伝来の土地を襲い，広島県，岡山県などで，死者，行方不明者約 230 人と言う災害を引き起こしました。2019 年 10 月には，日本に上陸した台風による記録的豪雨のため，関東，甲信，東北地方で河川の氾濫や土砂崩れが起こり，死者，行方不明者 100 人を超す災害となったのは記憶に新しいところです。アメリカでは大変な被害を与える山火事が各地で起こり，また大型のハリケーンが何度も襲うなど異常気象は世界各地で報告されています。

4.3　大気中の二酸化炭素濃度をこれ以上あげないことだけが　　　世界が生きる道

　私達は大気中の二酸化炭素濃度を減らすことはできません。地球温暖化の進行と共に異常気象は異常ではなく普通となることでしょう。動物は少しは暑さを逃れて動くことができるかもしれません。短足の猪は宮城県の南部が北限でしたが現在では，東北地方全体に広がって田畑を荒らし，猪害のために農業をやめる農家が出始め，また 45 cm 以上の深雪では食べ物が取れないと言われ本州の北端の青森県にはいなかった鹿による獣害も大変になってきたと言われています。しかし，植物は動けません。特定の植物を食べる動物が，暑さを逃れて動くことは死を意味します。夏が異常な暑さになるということは，温帯が亜熱帯になるということではありません。冬には極端な寒さにもなります。亜熱帯の生き物が夏に暑くなる温帯に移って来ても，冬に生き延びられるとは限りません。このような災害は局所的ではなく全世界で起こっています。それぞれの災害への対応はそれぞれの国でしなければならないでしょうが，大気中の二酸化炭素濃度をこれ以上上げないように，化石燃料を燃やさないということは，全世界が協力して至急行わなければなりません。

文献

［1］　気象庁 http://www.data.jma.go.jp/cpdinfo/temp/list/an_wld.html

［2］　The Alaska Climate Research Center, 2015, http://akclimate.org/ClimTrends/Location.

［3］　Sayaka Mori: NHK World delivered on July 18, 2016.

［4］　The Washington Post, July 24, 2016.

第5章　世界のエネルギー消費と二酸化炭素排出の現状

　世界の一次エネルギー消費量と二酸化炭素排出量は，同じ傾向を示して増え続けています。これは一次エネルギー消費量の90％近くが化石燃料の燃焼だからです。世界経済の不況だけが一次エネルギー消費量と二酸化炭素排出量の増大を抑えています。先進国は一次エネルギー消費量と二酸化炭素排出量を高い水準で維持しています。途上国の一次エネルギー消費量と二酸化炭素排出量は2000年以降急速に増え続けています。2010年には途上国の一次エネルギー消費量と二酸化炭素排出量がOECD諸国の値を超えましたが，2016年の人口でみると，途上国は世界の人口の78.2％を占め，OECD諸国は17.9％に過ぎません。世界中の人々が，2016年の世界平均の一人当たりの一次エネルギー消費量と二酸化炭素排出量を許されるなら，途上国の人々は2016年の値のほとんど1.4倍に上げることが許され，先進国の人々は半分以上減らさなければなりません。その上，世界の人口は毎年8,310万人ずつ直線的に増え続けています。産業経済の発展には一次エネルギー消費量を増すことが必要ですから，大気中の二酸化炭素濃度のこれ以上の増大を防ぐ唯一の答えは，化石燃料を燃やさずに再生可能エネルギーだけを使うことです。

　キーワード：一次エネルギー消費量，二酸化炭素排出量，OECD諸国，
　　　　　　　途上国，ユーラシア，一人当たりの量，先進国の責任，
　　　　　　　パリ協定

5.1 世界の経済不況だけがエネルギー消費と 二酸化炭素排出量の増大を抑える

地球温暖化の防止のためには，世界のエネルギーに関連する問題を良く理解する必要があります。図5.1［1］は全世界と世界を3つの国々のグループに分けた1980年以来の一次エネルギー消費量と二酸化炭素排出量の変化です。

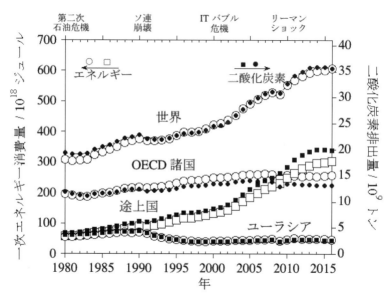

図5.1　世界および3つのグループの一次エネルギー消費量と二酸化炭素排出量の
1980年からの歴史[1]

左右の縦軸の単位は，2016年の世界の一次エネルギー消費量と二酸化炭素排出量の記号が一致するようにとりました。経済・産業活動が活発な国々が経済産業開発機構（OECD）に集まっていますが，ヨーロッパでは，OECD諸国と非OECD国を一人当たりの一次エネルギー消費量や二酸化炭素の排出量の差で区別することは困難です。そこで，この文

では，OECD諸国とは，OECD加盟国にOECDに加盟していないヨーロッパ諸国を加えた合計を意味しています。世界の一次エネルギー消費量と二酸化炭素排出量は同じように増え続けています。一次エネルギー消費量と二酸化炭素排出量が同じ変化の傾向を示すのは，一次エネルギー消費量の90%近くが，化石燃料燃焼によるものだからです。

伸びが停滞している年があります。1980年代前半の停滞は，1979年のイラン革命に続くイラン-イラク戦争による第2次オイルショックのためです。1990年からの停滞はソ連の崩壊によるものです。2001年にはITバブルの崩壊が起こりました。2008年以降はリーマンショックです。このように経済不況だけが世界の一次エネルギー消費量と二酸化炭素排出量の増大を抑えています。

5.2　一人当たりのエネルギー消費量と二酸化炭素排出量を比べてみれば

途上国の一次エネルギー消費量と二酸化炭素排出量は，特に2000年以降迅速に増大しています。OECD諸国も一次エネルギー消費量と二酸化炭素排出量が増大していましたが，OECD諸国はまだリーマンショックから完全には回復していません。2010年頃から，途上国の一次エネルギー消費量と二酸化炭素排出量が，OECD諸国を越えるようになりました。このため，先進国の人々の中には，途上国が大量に二酸化炭素を排出することが温暖化を促進すると考える人も出始めました。しかし，2016年の途上国の人口は世界の人口の78.2%であるのに対し，OECD諸国の人口は17.9%に過ぎません。途上国の一次エネルギー消費量と二酸化炭素排出量の全量をOECD諸国の全量と比べるのでは，問題を正しく理解することはできません。

一次エネルギー消費量と二酸化炭素排出量の世界の問題を正しく理解するためには，一人一人が消費したエネルギー量と排出した二酸化炭素量を比べる必要があります。大部分のデーターは文献 [1] にありますが，最近の人口のデーターは文献 [2] 値を用いました。

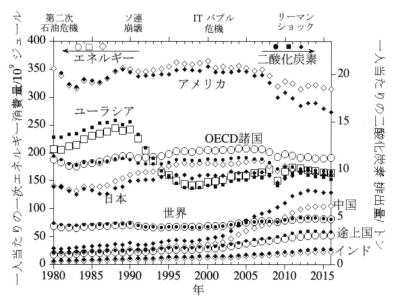

図5.2 世界および3つのグループと代表的な国々の一人当たりの一次エネルギー
消費量と二酸化炭素排出量の1980年からの歴史 [1,2]

　図5.2 [1,2] は一人当たりの一次エネルギー消費量と二酸化炭素排出量について，世界平均と3つの国のグループおよび代表的な国の例を示しています。左右の縦軸の単位は，2016年の世界平均の一人当たりの一次エネルギー消費量と二酸化炭素排出量の記号が一致するようにしました。OECD諸国の一人当たりのエネルギー消費量と二酸化炭素排出量が，途上国平均や世界平均に比べて如何に高いかは，直ぐに分かることです。一人一人のエネルギー消費量が高いことは，経済産業活動が活発で豊かな生活の指標です。

　図5.2から明らかなように，地球温暖化を避けるためには，先進国が二酸化炭素の排出を減らす必要があります。このため，国連気候変動枠組条約第3回締約国会議（COP 3）は1997年に国際条約である京都議定書を採択し，現在の大気中の高い温室効果ガス濃度は100年以上にわたる先進国の産業活動の結果と認め，先進国は責任の程度に応じて，数%と

わずかですが，二酸化炭素の排出量を減らすと決めました。しかし，図5.1から明らかのように，OECD諸国は決して二酸化炭素排出量を削減したことはなく，経済不況が二酸化炭素排出量を抑えただけでした。このことは，OECD諸国の燃料燃焼の先進技術は，二酸化炭素排出削減には有効でなく，今の化石燃料燃焼を減らさない限り問題は解決しないことを示しています。一人一人のエネルギー消費量が高いことは，豊かな生活の指標ですから，例えある国が二酸化炭素排出を減らすことを約束しても，経済・産業活動が化石燃料の燃焼によって維持されている限り，二酸化炭素排出量を減らすことはできません。

　京都議定書が有効ではなかったことから，2009年12月コペンハーゲンで行われたCOP 15で地球温暖化について深刻な議論が行われました。Barack Obamaアメリカ大統領は，議論の積極的なリーダーとしてこの会議に参加し，アメリカが二酸化炭素排出削減を行うにあたり，途上国の二酸化炭素排出量の削減が，先進国が二酸化炭素排出削減を行う前提条件だと議論を展開しました。図5.2はこのような議論は全く意味をなさないことを示しています。先進国の一人当たりの今の大量の二酸化炭素排出量を途上国一人当たりの値より低くすることができたときに初めて，先進国は途上国が二酸化炭素排出を削減するのをお手伝いしましょうと言うことが許されるということでしょう。

　2016年のデーターで，二酸化炭素の排出に付いてもう少し詳しくみてみましょう。図5.3 [1,2] は2016年の二酸化炭素排出量と人口の関係を示しています。2016年に世界の人口は74億4,743万1,000人で356億7,000万トンの二酸化炭素を排出しましたので，世界平均の一人当たりの二酸化炭素排出量は4.789トンでした。これを3つの国のグループに分けて図5.3に示してあります。OECD諸国の人口は世界の人口の17.9%に過ぎませんが，世界の二酸化炭素排出量の36.8%を排出しています。これに対し，途上国の人口は世界の人口の78.2%なのに，二酸化炭素排出量は世界の55.9%に過ぎません。アメリカ住民はOECD諸国に含まれていますが，OECD諸国からアメリカ住民のデーターを引き出

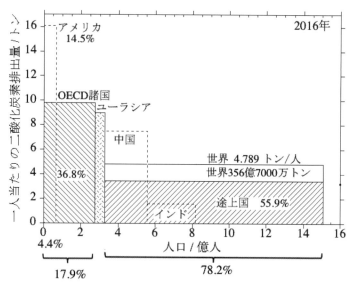

図5.3 世界および3つのグループと代表的な国々の2016年の一人当たりの
二酸化炭素排出量と人口の関係 [1,2]

すと，世界の人口の4.4%のアメリカ住民は世界全体の二酸化炭素排出
量の14.5%を排出しました。

　一連の気候変動枠組条約締約国会議COPで深刻に議論されているよ
うに，世界の二酸化炭素排出量は，地球温暖化を避けるには高すぎるこ
とが知られています。しかし，世界中の人々が一人当たりの世界平均の
二酸化炭素排出量4.789トンを排出しても良いと言われると，途上国の
人々は平均では，2016年に排出した量のほとんど1.4倍の二酸化炭素の
排出が許されるでしょう。これに対し，アメリカ住民の一人一人は二
酸化炭素排出量を70%減らさなければなりません。これは不可能です。
OECD諸国平均では，一人一人が半分以上二酸化炭素排出量を減らす
ことはできません。ユーラシアの一人一人が二酸化炭素排出量を半分減
らすことはできません。化石燃料燃焼をやめない限り，大量の二酸化炭
素排出は進行し，地球温暖化がさらに深刻になることを避ける方法はな
いことが明らかです。

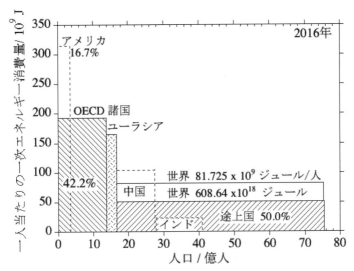

図5.4　世界および3つのグループと代表的な国々の2016年の一人当たりの
一次エネルギー消費量と人口の関係 [1,2]

　世界の一次エネルギー消費の様子も二酸化炭素排出量と同様です。図
5.4 [1,2] は2016年の一人当たりの世界の一次エネルギー消費量と人口
の関係を示しています。世界は74億4,743万1,000人で，608.64 x 10^{18}
ジュールの一次エネルギーを2016年に消費しました。世界平均の一人
当たりの一次エネルギー消費量は81.725 x 10^9 ジュールです。OECD諸国
は世界の一次エネルギー消費量の42.2%を使いました。途上国は50.0%
しか使っていません。世界の人口の4.4%のアメリカ人は世界の一次エ
ネルギー消費量の16.7%を使っています。世界平均の一人当たりの一次
エネルギー消費量を使って良いと言われても，アメリカとOECD諸国
の住民一人一人が2016年の一次エネルギー消費量の75%と60%をそれ
ぞれ減らさなければなりません。これは不可能です。一人一人のエネル
ギー消費量が高いことは，豊かな生活の指標ですから，高い経済活動を
維持するためには，高いエネルギー消費量が必要で，エネルギー消費量
を減らすことは不可能です。世界の一次エネルギー消費量は増え続けま

す。私達が化石燃料の燃焼を止めて，再生可能エネルギーを使うことに変えない限り，世界の二酸化炭素排出量は増え続けます。

5.3　世界の人口は毎年 8,310 万人ずつ増大

その上，世界の人口の増大を見てみると，事態が如何に深刻か分かります。図5.5 [2] は世界の人口が毎年8,310万人ずつ直線的に増え続けていることを示しています。

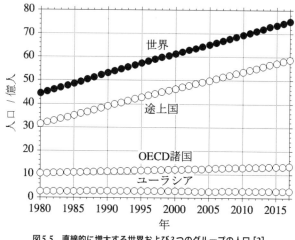

図5.5　直線的に増大する世界および3つのグループの人口 [2]

ホモ・サピエンスは霊長類の中では，運動能力が一番劣っていて，約7万年前に寒冷化が進行した最終の氷期の時には，ホモ・サピエンスの人口は1万人以下だったと言われています。現在では世界の人口は，2017年に75億2,999万3,000人でした。私達の繁栄は，私達人間だけが持っている助け合い協力すると言う特性によって育まれた知性のお陰です。そうは言っても，世界の一人当たりのエネルギー消費量と二酸化炭素排出量は増え続け，世界の人口が増え続けるのですから，世界の一次エネルギー消費量と二酸化炭素排出量は増え続けることは，主として化

石燃料に頼る今のエネルギー消費の仕方では避けられません。

5.4　化石燃料燃焼をやめ再生可能エネルギーだけを使うこと以外の答えはない

　私達には，世界が協力して，これ以上大気の二酸化炭素濃度の上昇を避けるために，化石燃料燃焼をやめ，再生可能エネルギーだけで持続的発展を行う以外の答えはありません。

　ヨーロッパ諸国では，地球温暖化を防止するために，再生可能エネルギーの使用が1980年代の早い時期から始まっています。2015年12月パリで行われた第21回国連気候変動枠組条約締約国会議（COP 21）は，ヨーロッパ諸国の指導力で，地球の平均気温を産業革命以前の値より2℃は上げないこと，できれば1.5℃迄に留めるように努力するというパリ協定を採択しました。既に，大気の二酸化炭素濃度は，産業革命以前より気温が2-3℃高かった350万年前の値を超えてしまって，なお増え続けているのに，350万年前の気温迄上げないようにしようということですから，この実行には大変な覚悟と努力が必要です。例え大部分の国でこれが批准されても，二酸化炭素を排出する化石燃料燃焼をやめ再生可能エネルギーに頼ることを世界中が決意しないと，このパリ協定は京都議定書と同じように，機能しないことになります。特に，一人当たりの二酸化炭素排出量が異常に高い国々は利己的にならずに，少なくとも世界の平均値迄は下げる努力をしなければなりません。それにもかかわらず，2017年6月1日Donald Trumpアメリカ大統領は，アメリカ合衆国をパリ協定から脱退させると表明しました。アメリカ合衆国の一人当たりの二酸化炭素排出量は，他のOECD諸国より遥かに高く世界最高であるにもかかわらずです。直後のワシントンポストやABCニュースはアメリカ人の60％がパリ協定からアメリカが脱退することに反対であることを報じました。アメリカ合衆国の多くの州知事や市長が二酸化炭素排出削減の努力を続けることを表明しました。巨大なハリケーンや山

火事が頻発して，多くの命が失われていることは，アメリカの人々に取っても深刻な問題のはずです。Donald Trump アメリカ大統領の考えに関係なく，賢明な世界はパリ協定に基づく二酸化炭素排出削減に大変な努力をすることでしょう。これこそが世界が生き残る唯一の道ですから。

文献

［1］ U.S. Energy Information Administration, 2019, http://www.eia.gov/tools/a-z/
［2］ The World DATABank 2019, http://databank.worldbank.org/data/reports.aspx?source=2&series=SP.POP.TOTL&country

第6章　世界のエネルギー消費の将来

　2016年の世界の一次エネルギー消費量のうち，化石燃料は85.9%，再生可能エネルギーは9.6%，原子力発電は4.5%でした。1980年から2016年まで世界の一次エネルギー消費量は毎年1.01916倍ずつ増大しました。この速度で世界の一次エネルギー消費量が増大すると，今世紀半ばまでに，石油，天然ガス，ウラン，石炭は全部使い尽くされ，耐え難い地球温暖化だけが残ります。唯一の答えは，世界中の人々が再生可能エネルギーだけで持続的発展を続けることができるように，再生可能エネルギーを使う技術を確立し，世界中に普及することです。

　　キーワード：21世紀半ばに化石燃料とウラン枯渇，耐え難い地球温暖化，
　　　　　　　　再生可能エネルギー使用，持続的発展

6.1　エネルギー消費の歴史

　図6.1 [1] は，36年間の世界の一次エネルギー消費量の歴史を示しています。

　2016年には，化石燃料燃焼は一次エネルギー消費量の85.9%でした。水力発電とその他の再生可能エネルギーは6.4%と3.2%でした。原子力発電はわずかに4.5%でした。これらの割合は年ごとにあまり変わることはなく，世界の一次エネルギー消費の総量は増え続けています。1980年と2016年の世界の一次エネルギー消費量の平均で見ると，世界の一次エネルギー消費量は1980年以来毎年1.01916倍ずつ増え続けています。

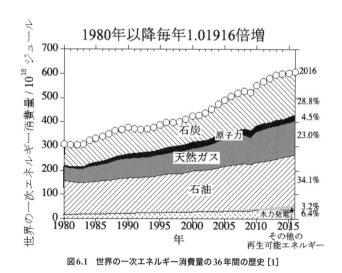

図6.1　世界の一次エネルギー消費量の36年間の歴史 [1]

6.2　このままでは今世紀半ばに全てのエネルギー資源枯渇

　図6.2は世界の一次エネルギー消費量の歴史と将来を示しています [1,2]。

　図の右側の太い線は世界の一次エネルギー消費量が毎年1.01916倍ずつ増え続ける場合の外挿値です。例えば太い線上の2050年の世界の一次エネルギー消費量の予測値を図5.5の世界の人口を2050年迄外挿した人口の予測値で割ると，2050年の世界平均の一人当たりの一次エネルギー消費量が出ます。こうして得られる2050年の世界平均の一人当たりの一次エネルギー消費量の予測値は，図5.4に見られる2016年にOECD諸国の人々一人一人が消費した値1,915億3,000万ジュールの60.6%に過ぎません。したがって，図6.2の太い線はひどく過小評価した予測です。

　それにもかかわらず，2016年迄の歴史に従って，この過小評価のエネルギー需要に応じて燃料を世界に供給すると，2019年の世界の石油資源量1.611兆バレル [1] は2049年迄に消費し尽されます。そのまま，需要に応じて残る資源を供給すると，天然ガス [1]，ウラン [2]，石炭 [1] が

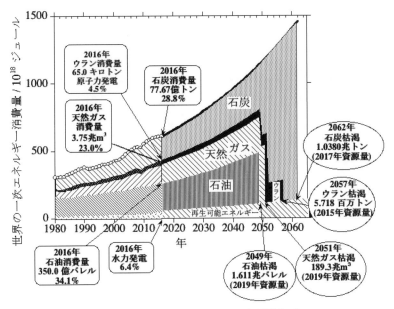

図6.2　世界の一次エネルギー消費量の歴史と将来 [1,2]

次々と無くなります。過小評価の需要見積もりに応えてもこういうこと
です。現在の生産量で後何年その資源を採掘できるかと言うそれぞれの
資源の可採年数は無意味です。可採年数計算の基礎であるその年の生産
量が年々増え続けるのですから。

　これ迄のように，化石燃料とウランを消費続ければ，今世紀半ば迄に
これらの全資源量が消費尽くされ，化石燃料資源を燃やし尽くすのです
から，現在よりもはるかに耐え難い温暖化が起こることは明らかです。
しかし，今私達が二酸化炭素の排出を止め，再生可能エネルギーだけを
使うことにすれば世界が生き延びられます。これからお話しするように，
私達の地球には，私達が使い切れない過剰の再生可能エネルギーがあり
ますから。その前に，原子力発電に付いて考えてみましょう。

文献

［1］ U.S. Energy Information Administration, 2019, http://www.eia.gov/tools/a-z/

［2］ World Nuclear Association, 2019, http://www.world-nuclear.org/

第 7 章　原子力発電

　原子力発電は1951年アメリカ合衆国で始まりました。60年以上経過した2016年の世界の一次エネルギー消費量への原子力発電の寄与は，わずか4.5％に過ぎません。どの国も原子力発電を国家プロジェクトで行ってきたにもかかわらずこの程度です。それにもかかわらず，ウラン資源自体に限界があります。原子力発電の最悪の事故の結果は分かっていませんので，リスクの推測はできません。一度事故が起こると，数10万人の人々が数10年間かそれ以上故郷を離れて避難しなければなりません。その上，子供と作業者にガンの発生は避けられません。地球温暖化を引き起こして来た先進国は，世界に広げることができない原子力発電にしがみつく利己的な態度を取るのではなく，再生可能エネルギーを用いるだけで，全世界が生き残り，持続的発展を維持し続ける技術を示す責任があります。

　　キーワード：世界の一次エネルギー消費量への寄与4.5％，68年の歴史，
　　　　　　　　資源に限界，リスクは不明，先進国の責任

7.1　68年の歴史で世界の一次エネルギー消費量への寄与 4.5％
　　　しかし資源は限界

　原子力発電は，1951年にアメリカで始まり，科学技術が核エネルギーでも制御できる高い水準にあることを示す一面もあって，先進国によって国家プロジェクトとして競って行われました。それにもかかわらず，60年以上過ぎた今でも，2016年の世界の一次エネルギー消費量への原子力発電の寄与はわずか4.5％に過ぎません。こんなに少量のエネルギーに過ぎず，しかもほんの少数の国だけが専有して原子力発電をしている

にもかかわらず，2015年に571万8,000トンあったウラン資源は，今世紀半ば迄に使い尽されます。（世界原子力協会[1]によれば，ウラン資源の現在の価格は，1kgのウランが80アメリカドルですが，1kgのウランが130アメリカドル迄使うとして知られるウラン資源量は571万8,000トンです。）

したがって，原子力発電は広く普及できるものではなく，限られた国が使うだけです。温暖化防止には化石燃料燃焼を100%やめる以外にないときに，2016年の世界の一次エネルギー消費量へのわずか4.5%の寄与は，温暖化の防止に影響するようなものではありません。

7.2　核廃棄物処理をすれば最も高価な発電技術

原子力発電のセールスポイントの一つは，低価格ということでした。一般に，産業廃棄物処理の費用が販売価格に含まれていなければ，そんな企業は破産するでしょう。しかし，放射性廃棄物は，日本を含む各国の産業廃棄物処理法で扱う廃棄物には含まれていません。放射性廃棄物処理が含まれていない原子力発電の電力の今の価格は，高くありません。放射性廃棄物処理の費用は後日税金で賄わなければならないということでしょう。ドイツの環境シンクタンク Forum Ökologisch-Soziale [2] は，再生可能エネルギー，石炭，褐炭，天然ガス，原子力による発電の価格を報告しています。2014年に新しく造る発電所の発電価格に，従来の発電に対する国の補助金や奨励金だけでなく，環境破壊に対する社会的費用や放射性廃棄物の最終処分などを含めています。再生可能エネルギーによる発電価格には隠れたものがありません。結局，原子力発電の電力料金は最大では太陽電池発電の2倍以上になります。これがドイツのシンクタンクの報告です。

7.3　チェルノブイリと福島

　原子力発電について考えるときチェルノブイリの悲劇を忘れることは
できません。チェルノブイリ原子力発電所の事故は，1986年4月26日
午前1時23分におきました。世界中が事故のことは知っていますが，事
故原因の説明はまだなおありません。信じがたい数の被曝死者が出てい
ます。WHO，IARC（国際ガン研究機関），グリーンピースは，被曝に
よってガンを発症した死者はそれぞれ9,000人 [3]，1万6,000人 [4]，9
万3,000人 [5] と，20年後の2006年に発表しています。被曝者の悲惨
さと苦悩は，ベラルーシのジャーナリストでノンフィクション作家の
Svetlana Alexandrovna Alexievich によって1997年"チェルノブイリの祈り"
[6] と題した聞き取り調査報告に書かれています。その後2015年に彼女
はノーベル文学賞を受賞しています。

　2016年9月22日に，BS朝日は"ザ・ドキュメンタリー「チェルノブイ
リ30年，その現実～福島の未来を見つめて～」" [7] を放映しました。ウ
クライナで甲状腺ガンを発症した人は6,049人で，ほとんどが5歳未満
だったということです。沢山の小学生程度の身障者も紹介されました。
みな被曝者の第二世代だそうです。チェルノブイリの災害は30年経過
してもまだ続いています。数世代に及ぶことでしょう。このプログラ
ムは福島では131人の子供が甲状腺ガンと診断されたと伝えていました。
131人の子供達とこの子達の次の世代が健康に暮らせることを祈るしか
ありません。

　福島の原子力発電所の事故の後数十万人の人々が，美しく豊かな郷土
を離れなければなりませんでした。8年経った2019年2月28日でも4万
1,299人 [8] が郷土に戻ることができずにいます。特定の場所の除染は可
能でしょう。しかし，ホットスポットがあるのは避けられませんし，山
や山里の除染はできません。除染した地域に，風が山から放射性物質を
運びます。

　新しい未知の放射性粒子が見つかったという最近の報道もあります

[9]。爆発した原子力発電所で働く人々の被曝線量の最近の検査では，放射線量が下がっていることが認められますが，胸の当たりに局部的に強い放射線量の場所が見つかりました。もっとも危険な放射性セシウム ^{137}Cs と ^{134}Cs は，半減期が30.07年と2.062年です。これらは，原子力発電所の爆発で飛び散りました。セシウム塩は水に溶けます。体内に取り込まれた放射性セシウムは徐々に水に溶けて排出されます。成人の放射線量は80-100日で半減すると言われています。一方，炉の核燃料が溶融し，放射性セシウムは飛び散り，炉の断熱ガラス繊維に付着しました。炉の爆発でガラス繊維が溶融し，冷えるときにガラス繊維は放射性セシウムを中に取り込んだ粒子の形で固まりました。これが放射性の不溶性粒子です。ひと度これらの放射性不溶性粒子が呼吸などによって胸など人体に取り込まれると，これの排出には何年もかかります。この放射性不溶性粒子による被曝線量は，同じ量の可溶性セシウムによる被曝線量に比べ，大人で70倍，1-7歳の子供で180倍になるだろうと言われています。例え全体の被曝線量は高くなくても，何年も体内に留まる放射性粒子の影響は，誰にも分かりません。例え除染が行われても，風は簡単にこのような放射性粒子を汚染地域から除染地域に運んできます。実際に，核爆発によって無人になった家の家具はこの放射性粒子を含むほこりで覆われていました。

　全ての人々の健康のためには，汚染地域は数世代に渡り住めないと決めるべきでしょう。

　"それでも生きようとした"というNHKスペシャル[10]が放映されました。福島県の自殺率が震災から5年経って他県に比べて上昇しているというものです。帰宅を許された30代の二人が，家に帰り，結婚し，裏山からの放射能に曝されながらも稲作を始めました。福島原子力発電所事故から13ヶ月後の2012年4月, 10人のボランティアと一緒に，試験的に田植えをしました。秋に収穫した米に放射能は検出されず，品評会で一等賞を貰いました。2013年には二人は稲作面積を広げました。しかし，秋には二人の米は普通の価格の3分の2にしか評価されませんでし

た。福島産だからです。二人は，2012年に田植えを手伝ってくれたボランティアなども招いて試食会をしましたが，参加者は多くありませんでした。何も改善されませんでした。2015年4月二人は，親戚の人達と二人の町の北500km位の弘前に花見に行きました。幸せな人たちを見ました。帰宅して1週間後，二人は車で裏山に出かけ二度と帰ることはありませんでした。首を吊ったのです。農産物や海産物は放射能が基準値以下というよりほとんど放射能が検出されないものだけが市場に出ますが，福島産ということで満足に売れません。私達年寄りは，福島産のものを進んで買います。福島の人々を応援するためです。しかし，小さな子供のいる家族は福島産のものを買うのを避けます。これは風評被害と言われます。なんと言われようと，親は，小さい子供たちが放射能で汚染されるリスクは避けようと努めます。福島の人達は，なんとか復興したいと懸命に働いても，生きることは苦しいのです。

　NHK BS1 アレクセーヴィッチの旅路 [11] は伝えています。最近，居住が許された町の人々の面倒を見ている元校長先生が，住民はほとんどお年寄りで，少しくらいなら大丈夫と放射能のついた野のキノコを食べていると言います。彼はこうも言います。若い人達は帰りませんが，今のお年寄り達が亡くなった後には，明るい美しい景観を保ったままこの町は，見えない，触れない，嗅げない，聞こえない，味もしない放射能でゴーストタウンになるでしょうと。

　今日でも，地方自治体は公費を使って，原子力発電所の事故に対するシェルターの用意や数十万人の人々を避難させる訓練をしています。例えば，2016年6月には，日本海側の福井県の原子力発電所の事故を想定して，3府県が，福井県から京都府を通って瀬戸内海側の兵庫県迄500km以上避難する訓練をしました。被災者であっても，被曝していない地域に入るのは，身体も，荷物も，乗り物も，放射能で汚染されていないことが認められてからです。2011年3月11日の津波で最大の被害を受けた宮城県では，女川原子力発電所から30km圏内の7つの市町村が，近隣の自治体に如何に住民を避難させるかで，悩んでいます。原子力発電は

絶対安全なものではないことを人々は知っています。それでも，人々は，そんな産業の存在を拒むのではなく，行政にしたがっています。

7.4 発電所稼動と小児ガン

一方，ドイツ政府の環境省は，原子力安全放射線防御部が行なった"原子力発電所近傍における小児ガンに関する疫学的研究報告"[12] を発表しています。全体の主要な部分は専門的な報告としてヨーロッパガン学会誌 [13] に発表され，特に白血病については、国際ガン学会誌 [14] に発表されています。研究対象の地域は，西ドイツで正常に働いていた16の原子力発電所の周りの41の郡をカバーしています。この研究は1980年1月1日から2003年12月31日迄の24年間の診断時に5歳未満の子供達を対象に，行われました。593例の白血病を含む1592の症例についてです。疫学的評価はオッズ比で表しました。オッズは，(7.1) 式のように，病気にならなかった子供の数に対する病気になった子供の数の比です。

$$\text{オッズ} = \frac{\text{発症数}}{\text{非発症数}} \qquad (7.1)$$

どこでもガンになる子供はいます。そこで，病気の疫学的研究では，特定の地域のオッズを関係ない地域で人口や年齢構成が近い地域のオッズと比べます。

$$\text{オッズ比} = \text{OR} = \frac{\left(\frac{\text{発症数}}{\text{非発症数}}\right)_{5km, 10km圏内}}{\left(\frac{\text{発症数}}{\text{非発症数}}\right)_{5km, 10km圏外}} \qquad (7.2)$$

オッズ比は，5km圏内および10km圏内の（ガンになった人数/ガンにならなかった人数）を関係ない領域での（ガンになった人数/ガンにならなかった人数）で割った (7.2) 式です。全てのガンと白血病に関するオッ

54

ヅ比（OR）を表7.1に示します[12]。

表7.1 ドイツ子供ガン登記所による原子力発電所近傍5km圏内の5歳未満の
子供のガンおよび白血病のオッズ比1980年1月-2003年12月[12]

	オッズ比 OR	95% 片側信頼範囲	人数 5-km 圏
全てのガン	1.61	1.26	77
白血病	2.19	1.51	37

　白血病については，もう少し詳細なデーターがあります［14］。10km
圏内でも白血病のオッズ比は高いということです。特に急性リンパ性白
血病の10km圏内のオッズ比は1.34でした。このように，16の原子力発
電所の5km圏内および10km圏内での小児ガン発症のオッズ比（OR）は
明らかに原子力発電所から離れた所の値の1より大きな値でした。この
報告は，普通に稼働している原子力発電所でも，周囲に住む子供にはガ
ンや白血病のリスクがあることを示しています。また，この結果は，被
曝放射線量の規制値は，幼児には適用できないことを意味しています。

7.5 ドイツ政府と台湾政府の決断

　2011年3月11日の福島の原子力発電所事故を受けて，ドイツ政府は，
原子力エネルギーを用いるリスクを検討し，将来のエネルギー供給につ
いて国民の合意を確立するために，2011年4月4日倫理委員会を招集し
ました。倫理委員会は，2011年5月30日に，制御できない事故の可能
性があることはドイツにとって決定的な問題であると結論して，原子力
エネルギーの使用はできる限り制限し，十年以内に終了することという
勧告書を提出しました。勧告書は，最悪の原子力事故の結果は，まだ分
かってはいないし，完全に掌握できないので，実際の事故の経験からは
リスクは推測できない；自然に対する人類の責任は，環境を維持し，保
全し，利己的な目的のために環境を破壊してはならず，有益性を向上さ
せ，将来の生存条件を保障するための機会を確保しなければならない；

したがって，これからの世代の人々への責任はエネルギー供給について
は特に大きい，と述べています。また、技術の結果が永久に負担となる
と思われるような場合は，特に極めて厳しく評価することが必要である
とも述べています。倫理委員会の勧告に基づいて，ドイツは2022年迄
に原子力エネルギーの使用を段階的に終了することを決めました。

　台湾では，蔡英文総統と彼女の閣議は，2025年迄に原子力発電を段階
的に終了し再生可能エネルギー発電を20%まで増すことを2016年10月
20日に決めました。海に囲まれた島国で原子力発電所が事故を起こす
と国が滅亡しかねないという判断は，全く当然で理解できます。2017年
11月台湾科学技術協会の招きで著者が台湾を訪ねた時には，日本から
専門家を何人か招いて廃炉に関連する勉強も始まっていました。

7.6　絶対安全な技術はない

　原子力発電は，始まってから60年以上経過しても，世界の一次エネ
ルギー消費量のわずかに4.5%しか出力できず，しかも資源そのものに
も限界があります。したがって，再生可能エネルギーとは異なって，ま
た化石燃料と比べてさえ，先への広がりが全く期待できない技術です。

　原子力発電はその国の科学技術が高いことを誇示する一面もありまし
たが，高い科学技術という虚像は，チェルノブイリと福島の事故で崩
壊しました。最悪な事故がどのような結果になるかは分かっていません。
一度事故が起こると，数十万人の人々が数十年あるいはそれ以上彼らの
町から避難しなければならない上に，幼児やその場で働き続ける人にガ
ンが発症するのは避けられません。

　そのような産業が存在することは決して許されません。

　福島では，廃炉作業に，毎日4,000人の人々が見えない放射能による
汚染に神経をすり減らしながら働いていると報じられています。それ
でも廃炉には30年から40年かかるそうです。これだけ大変な思いをし，
しかも世界のエネルギーのわずかに4.5%と，エネルギーバランスなど

ともっともらしい言葉を使うにはなんとも貧弱な量に過ぎないのに，原子力発電を何としても維持しようというのは理解に苦しむところです。

　絶対安全な技術などありません。私達はチェルノブイリと福島の事故から多くを学びました。したがって，事故がまた起きると，原子力発電を応援した人々は，被害者ではなく，多くの死傷者や大変な損害に対する加害者と判断されるでしょう。

7.7　先進国の責任

　発電にはいろいろな技術があります。これから述べますように，全世界の持続的発展のためには量りしれない大量の再生可能エネルギー源があります。原子力エネルギーを使うことには何の利点も前向きの理由もありません。自分の国では，エネルギー消費に対する原子力発電の割合が高く，それだけ二酸化炭素の排出を抑えていると言うのは，二酸化炭素排出削減に積極的に努力をしないことについてのあまりにも利己的な言い訳です。特に大量の二酸化炭素を排出して地球温暖化を招いた先進国は，世界のエネルギーにはほとんど役に立っていない原子力発電の危険な技術に拘泥するのではなく，世界に普及できない原子力発電にしがみつく利己的な態度を取るのを止めて，再生可能エネルギーだけで全世界が生きて行くことができる方法を示す責任があります。

文献

［1］　World Nuclear Association, 2019, http://www.world-nuclear.org/

［2］　Sönke Tangermann, Nils Müller, Was Strom wirklich kostet, Forum Ökologisch-Soziale, January 2015, http://www.foes.de/pdf/2015-01-Was-Strom-wirklich-kostet-kurz.pdf#search='FÖSStudie%3A+Erneuerbare+Energien+sind+kostengünstiger'.

［3］　E. Cardis et.al: Cancer Consequences of the Chernobyl Accident: 20 Years On, J. Radiol. Prot., Vol. 26, No.2, pp.127-140（2006）

[4] The Cancer Burden from Chernobyl in Europe, IARC Press Release No.168, 20 April 2006. http://www.iarc.fr/ENG/Press_Releases/pr168a.html.

[5] The Chernobyl Catastrophe Consequences on Human Health, GREENPEACE 2006. http://www.greenpeace.org/international/press/reports/chernobylhealthreport#

[6] スベトラーナ・アレクシェービッチ，松本妙子訳："チェルノブイリの祈り"，岩波現代文庫，2011年6月16日発行

[7] BS朝日，2016年9月22日午後10時，ザ・ドキュメンタリー「チェルノブイリ30年，その現実〜福島の未来を見つめて〜」

[8] 福島県災害対策本部，2019年2月28日

[9] NHKクローズアップ現代，2017年6月6日午後10時，原発事故から6年未知の放射性粒子に迫る

[10] NHKスペシャル2017年1月9日午後10時，東日本大震災「それでも，生きようとした〜原発事故から5年」

[11] NHK BS1 2017年2月19日午後7時-9時，ノーベル文学賞作家アレクシェービッチの旅路〜チェルノブイリからフクシマへ〜

[12] Ressortforschungsberichte zur kerntechnischen Sicherheit und zum Strahlenschutz, Epidemiologische Studie zu Kinderkrebs in der Umgebung von Kernkraftwerken (KiKK-Studie) - Vorhaben 3602S04334, December 2007.

[13] Claudia Spix, Sven Schmiedel, Peter Kaatsch, Renate Schulze-Rath, Maria Blettner: Case-control study on childhood cancer in the vicinity of nuclear power plants in Germany 1980-2003, European J. Cancer: Vol. 44, pp.275-284 (2008).

[14] Peter Kaatsch, Claudia Spix, Renate Schulze-Rath, Sven Schmiedel, Maria Blettner: Leukaemia in young children living in the vicinity of German nuclear power plants, Int. J. Cancer, Vol.1220, pp.721-726 (2008)

第8章　全世界の持続的発展のために

　これ以上の地球温暖化の進行を防ぎ，化石燃料を使い尽くすことを避けるために，全世界が化石燃料燃焼をやめ再生可能エネルギーだけを使い，二酸化炭素の排出を産業革命以前の水準に制限しなければなりません。全世界が再生可能エネルギーだけを用いて，持続的発展を維持できるような技術を確立し普及する必要があります。私達の惑星には使い切れない有り余る再生可能エネルギー源があります。全世界が生き残るためには，再生可能エネルギーを，貯蔵，輸送，燃焼のインフラが全世界に普及している今使っている燃料に転換する必要があります。

　キーワード：これ以上の地球温暖化の防止，化石燃料枯渇の防止，
　　　　　　　あり余る再生可能エネルギー源

8.1　再生可能エネルギーだけで世界が持続的発展をする技術の確立と普及を世界中の協力で

　図6.2に示しましたように，現在の世界のエネルギー消費の流れを外挿すると，今世紀の半ば迄に，私達の惑星の燃料資源は完全に消費し尽され，化石燃料資源を燃やし尽くすことによって，今より遥かに耐え難い地球温暖化が起こります。実際に，石油や天然ガスの産出国は，石油や天然ガスが完全に涸渇することが予測されれば，残りの資源は自国の人々の生き残りに必要ですから，輸出をやめるでしょう。

　2007年から10年間で地球の平均気温は約0.26℃[1]上昇しましたから，地球温暖化防止のために，国連気候変動枠組条約締約国会議のパリ協定の実行は，大変な努力を要しますが，最低必要条件です。大気中の二酸化炭素濃度は産業革命以前には280ppmであったのに対し，今は400

ppmを越えてしまっていますから，パリ協定のように，産業革命以前より気温が2℃は上がらないようにするためには，二酸化炭素排出量を産業革命前の水準に迄減らさなければなりません。産業革命以前には再生可能エネルギーしか使っていませんでした。したがって，私達は化石燃料燃焼から再生可能エネルギー利用に100%変えなければなりません。

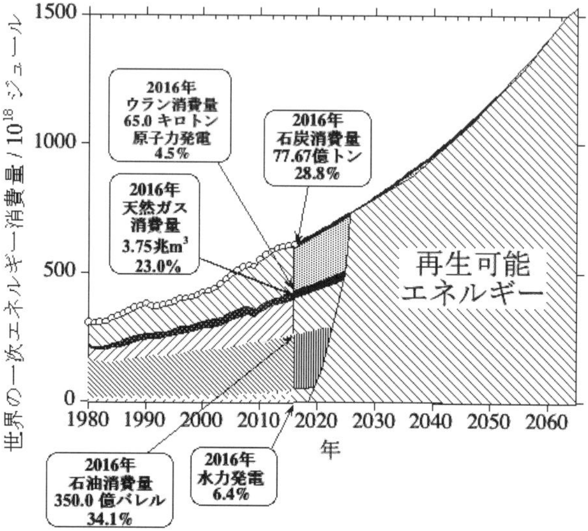

世界の一次エネルギー消費量 / 10^{18} ジュール
1500
1000
500
0
1980 1990 2000 2010 2020 2030 2040 2050 2060
年
2016年
ウラン消費量
65.0 キロトン
原子力発電
4.5%
2016年
石炭消費量
77.67億トン
28.8%
2016年
天然ガス
消費量
3.75兆m^3
23.0%
再生可能
エネルギー
2016年
石油消費量
350.0 億バレル
34.1%
2016年
水力発電
6.4%

図8.1　全世界が生き残り持続的発展を続けていくことができる再生可能エネルギーを用いる技術の開発と普及が必要

図8.1のように，世界中が協力して再生可能エネルギーを使う技術を確立し世界中に普及して，全世界が生き残り持続的発展をすることができるようにする必要があります。

産業革命以前のように木材を燃やすだけで，私達が生き残ることができるか考えてみましょう。発熱量は1 g当たり赤樫が14.9キロジュール，赤ハンノキが18.6キロジュール，三葉松が28.4キロジュールと報告されています［2］。これらの密度は 1立方センチでそれぞれ0.74，0.4-0.7および0.67gです［3］。世界平均一人当たり2016年の1日に消費した一

次エネルギーは 2.239 億ジュール［4,5］です。今，１立方センチで 0.7 g の密度で燃焼エネルギーが 1 g 当たり 20 キロジュールの木を育て，毎日一人一人が 2.239 億ジュールの燃焼エネルギーを得ようとすると，世界中の全ての人一人一人が，直径 20 cm の木を高さが 50.9 cm になるように毎日育てなければなりません。日本人とアメリカ人は 2016 年に毎日それぞれ 4.441 億ジュールと 8.615 億ジュール使いましたので，毎日この木を直径 20 cm で高さが 101.0 cm と 196.0 cm にそれぞれ育てなければなりません。こんなに速く木を育てるのは不可能ですから，産業革命以前のように，バイオ燃料だけで生き残ることは全く不可能です。

8.2　再生可能エネルギーは使っても使いきれない

　これに対し，再生可能エネルギー源は私達の惑星には，使い切れない量あります。世界は 2016 年に一次エネルギーを 608.64 x 10^{18} ジュール使いました［4］。これだけのエネルギーを砂漠に太陽電池を据えて電力の形で造り出すことを考えてみましょう。太陽電池は今市販されているエネルギー変換効率 20％のものを用い，1m² で 1000 W の太陽光が砂漠では 1 日 8 時間注ぐと仮定しましょう。世界中が消費した 2016 年 1 年分 608.64 x 10^{18} ジュールの量のエネルギーを電力の形で造り出すのに必要な砂漠の面積は 2.895 x 10^5 km² です。これは、地球上の主な砂漠の面積 226.9 x 10^5 km² のわずか 1.28％に過ぎません。この限られた砂漠に太陽電池を据えるだけで，2016 年に世界が使ったエネルギーを電力の形で得られます。これは、オーストラリアの砂漠だけを使わせてもらっても，オーストラリアの砂漠の面積の 8.6％に過ぎません。したがって，わずかな面積の砂漠で太陽電池発電をするだけで，世界は十分生き残れますし，砂漠の太陽以外にも，風力を始め有り余る再生可能エネルギー源が地球にはあります。

　私達には様々な再生可能エネルギー源が多量にありますし，私達は再生可能エネルギーを電力に変えるいろいろな技術を持っています。しか

し，電力の長距離輸送はできません。その上，主要な再生可能エネル
ギー源は風と太陽光で，共に断続変動するという特徴があります。断続
変動する再生可能エネルギーから造られる電力で，変動する需要に常
に答えるのは不可能です。大量の電力を蓄えるバッテリーはありません。
再生可能エネルギーから造られた電力を直接使うのが最も有効ですが，
再生可能エネルギーから造られた余剰電力を燃料に変えて使うか，この
燃料を使って安定な電力を再発電して，再生可能エネルギーから造られ
る電力の不足分を補ったり，再生可能エネルギーから造られる電力の断
続変動を減らす必要があります。

　先に述べましたように，1970年代には，私達は再生可能エネルギーか
ら造られる断続変動する電力を用いて海水を電気分解して水素を造るこ
とを考えていました。しかし，水素の貯蔵，輸送，燃焼のために世界に
普及している技術はありません。水素を燃やすコンロを持っている家庭
はありません。したがって，断続変動する電力は，貯蔵，輸送，燃焼の
インフラと技術が世界に広く普及している今使われている燃料に変える
必要があることを私達は理解しました。

文献

［1］　気象庁，http://www.data.jma.go.jp/cpdinfo/temp/list/an_wld.html

［2］　P. J. Ince: US Department of Agriculture, Forest Service, Forest Products Laboratory, General Technical Report FPL 29（1979）.

［3］　The Engineering Toolbox, http://www.engineeringtoolbox.com/wood-density-d_40.html

［4］　U.S. Energy Information Administration, 2019, http://www.eia.gov/tools/a-z/

［5］　The World DATABank 2019, http://databank.worldbank.org/data/reports.aspx?source=2&series=SP .POP . TOTL&country=

第9章　グローバル二酸化炭素リサイクル

　燃料の合成は全世界で行われなければなりませんから，再生可能エネルギーからの燃料合成は複雑なシステムなどを必要としない単純な技術で行われなければなりません。私達は二酸化炭素と水素を加圧することなしに反応させ，迅速に合成天然ガスであるメタンにし，しかも100％のメタン選択率で転換することができる有効な触媒を創製するのに成功しました。二酸化炭素メタン化の触媒の創製の成功に基づいて，私達はグローバル二酸化炭素リサイクルの提案をしました。これは，再生可能エネルギーから造られる電力を用いる水の電気分解による水素製造，水素との反応による二酸化炭素のメタン化，メタン燃焼と二酸化炭素回収，回収した二酸化炭素を二酸化炭素のメタン化プラントに返送することからなります。グローバル二酸化炭素リサイクルの実現は，世界が大気に二酸化炭素を排出せずに再生可能エネルギーを永久に使い続けることを可能にします。私達はグローバル二酸化炭素リサイクルの鍵となる材料の研究を30年前から始めました。

　　キーワード：再生可能エネルギーからの電力，電気分解による水素製造，
　　　　　　　　二酸化炭素メタン化，全世界へメタン供給，グリーンマ
　　　　　　　　テリアル

9.1　世界中がすぐ使うためには今使っている燃料に再生可能エネルギーを簡単に変えること

　貧しいか豊かであるかによらず，世界中が再生可能エネルギーをすぐ使うためには，再生可能エネルギーを今使っている燃料に世界中で簡単に変えられることが必要です。再生可能エネルギーから現在使われてい

る燃料を製造するためには，再生可能エネルギーで発電した電力を使って行う水の電気分解で造られる水素と共に，二酸化炭素を原料として使う必要があります。私達は幸運でした。水素と二酸化炭素を反応させると，他の物質を造らずに100％メタンだけを高速に造る極めて有効な触媒を私達は見つけることができました [1]。メタンは天然ガスの主成分で，天然ガスには有効な燃焼施設と貯蔵や輸送のインフラが世界中にあります。

9.2　二酸化炭素を合成天然ガスに

水素との反応で二酸化炭素をメタンに変える触媒を見つけることができましたので，私達は25年以上前に図9.1のようにグローバル二酸化炭素リサイクル [2,3] を提案しました。

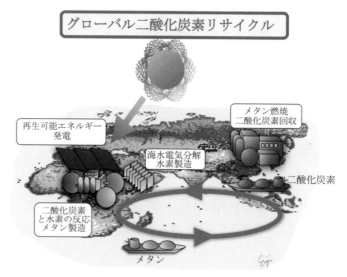

図9.1　全世界が生き残り持続的発展をするためのグローバル二酸化炭素リサイクルの模式図 [4]

64

　再生可能エネルギーから造られる断続変動する電力を最寄りの海岸で海水の電気分解による水素製造に使い，その場で水素を二酸化炭素との反応でメタンに変えます。合成天然ガスであるメタンを天然ガスの輸送のインフラと技術を使って消費者に届け，天然ガスの燃焼施設で燃やします。一つ現状と違うことは，メタンを燃やせば，二酸化炭素を排気ガスから回収して，再生可能エネルギーから得られる電力で水素が造られる場所へ送り返すことです。この二酸化炭素リサイクルが実現すれば，世界は大気に二酸化炭素を排出せずに永久に再生可能エネルギーを使い続けることができます。

　この二酸化炭素リサイクル実現のために，再生可能エネルギーから発電する技術や，メタンを輸送し燃焼させる技術はあります。二酸化炭素を煙突から回収するには，アルカノールアミン吸収法と圧力揺動吸着法が使えます。液化二酸化炭素の輸送に必要な性質は，液化石油ガス（LPG）に近いので，二酸化炭素の長距離輸送が必要なら，（LPG）輸送施設装置技術が使えます。したがって，私達が海水の電気分解による水素製造と水素と二酸化炭素の反応によるメタン製造の産業技術を確立すれば，グローバル二酸化炭素リサイクルを実現することができると考えました。このため，私達は30年前からグローバル二酸化炭素リサイクルのための鍵となる材料を地球環境保全と豊富なエネルギー供給のための材料・グリーンマテリアル [2] と名付けて研究を始めました。

文献

［1］　H. Habazaki, T. Tada, K. Wakuda, A. Kawashima, K. Asami, K. Hashimoto: Amorphous iron group metal-valve metal alloy catalysts for hydrogenation of carbon dioxide. In C. R. Clayton, K. Hashimoto eds. Corrosion, Electrochemistry and Catalysis of Metastable Metals and Intermetallics, the Electrochemical Society, pp.393-404 (1993)

［2］　橋本功二：グリーンマテリアル – 地球環境保全と豊富なエネルギー供給のための材料，金属，Vol. 63, No.7, pp.5-10 (1993)

［3］　K. Hashimoto: Metastable metals for green materials -For global atmospheric conservation and abundant energy supply-, Mater. Sci. Eng., Vol. A179/A180, pp.27-30（1994）

［4］　橋本功二, 秋山英二, 幅崎浩樹, 川嶋朝日, 嶋村和郎, 小森　充, 熊谷直和：グローバルCO_2リサイクル，材料と環境，Vol. 45, pp.614-620（1996）

第 10 章　グローバル二酸化炭素リサイクルのための
　　　　鍵となる材料

　鍵となる材料は，水の電気分解で水素と酸素を製造する陰極と陽極および水素との反応で二酸化炭素をメタンに変える触媒です。私達は，電気メッキで活性な Ni-Fe-C および Co-Ni-Fe-C 合金陰極を創生することが出来ました。水素を製造するこれらの合金の活性は反応機構的に最高です。合金を形成すると，合金中でニッケルから鉄へ電荷移動が起こります。これは，この合金陰極から水素イオンに電子を渡して水素原子を生じるのを加速します。私達は，海水を直接電気分解して塩素を発生させずに酸素を発生させる陽極の創製に成功しました。海水の電気分解で酸素を発生させるのに有効な電極触媒は Mo，W，Fe，Sn などのいずれかを含む MnO_2 型酸化物でした。これらの陽極を用いると，0.5 M NaCl 溶液を電流密度 1000 Am^{-2} で電気分解する場合に，99.9%の酸素発生効率を 4,200 時間以上保つことが出来ました。水素製造の電気分解プラントが緊急に必要であることから，高温アルカリ溶液の電気分解に用いる活性な陽極と陰極を創製して，産業規模の高温アルカリ溶液を使う電気分解プラントを現在製造しています。私達は，非常に高速に二酸化炭素を常圧でメタン化し，メタン選択率がほぼ100%の Ni 担持 ZrO_2 型酸化物触媒を創製しました。ZrO_2 型酸化物は酸素空孔を含む正方晶構造である必要があります。この酸素空孔が二酸化炭素の二座配位型吸着に有効であるからです。メタンを形成する二酸化炭素の水素化は，触媒上に二酸化炭素が二座配位吸着して進むことが判明しました。これらの触媒を使い二酸化炭素メタン化プラントを製造しています。

　キーワード：水素発生陰極，酸素発生陽極，海水電気分解，アルカリ
　　　　　　　水溶液電気分解，二酸化炭素メタン化触媒，二酸化炭素
　　　　　　　の二座配位吸着

10.1 キーマテリアル

　グローバル二酸化炭素リサイクルのための鍵となる材料は，水素を造るための水の電気分解に使う陽極と陰極，および水素と二酸化炭素の反応でメタンを造る触媒でした。

10.2 水の電気分解

　水H_2Oの電気分解は水素H_2と酸素O_2を造るために行います。水の電気分解では，水素の製造は陰極で行われ，酸素の製造は陽極で行われます。図10.1に水の電気分解を模式的に示します。

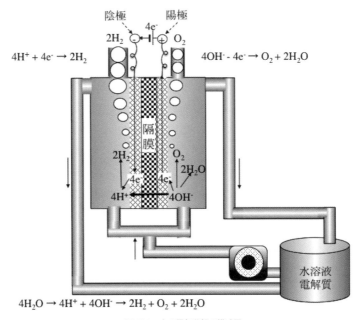

図10.1 水の電気分解の模式図

反応は

$$2H_2O \rightarrow 2H_2 + O_2 \tag{10.1}$$

と書かれます。生成する水素と酸素を分離するために，電気分解プラントには隔膜を設けます。

　水の中で水の一部は水素イオン H^+ と水酸化物イオン OH^- に別れます。これを解離と言います。

$$H_2O \rightleftarrows H^+ + OH^- \tag{10.2}$$

正の電荷を持つ H^+ は隔膜を通り抜けることができるので，H^+ が消費される陰極室に H^+ は陽極室から隔膜を通して正の電荷を運びます。

　陰極での水素製造反応は式（10.3）です。

$$4H^+ + 4e^- \rightarrow 2H_2 \tag{10.3}$$

ここで e^- は反応に寄与する一個の電子で，外部回路を通して陽極から陰極に供給され，陰極から水素イオン H^+ に渡されます。

　酸素発生反応は陽極で起こり式（10.4）です。

$$4OH^- - 4e^- \rightarrow O_2 + 2H_2O \tag{10.4}$$

ここでは陽極が一つの水酸化物イオン OH^- から一つの電子を受け取ります。この電子が，外部回路を通って陰極に行き，水素イオンに渡されます。全反応は以下のように書かれます。

$$4H_2O \rightarrow 4H^+ + 4e^- + 4OH^- - 4e^- \rightarrow 2H_2 + O_2 + 2H_2O \tag{10.5}$$

　水の電気分解で生じる水素と酸素の体積比は常に2対1です。25℃で電気分解によって水を水素と酸素に分離するのに必要な最低の電圧は, pHが変わらない緩衝性を持つ溶液中で1.229 Vです。電解質水溶液と呼ばれるイオンを含む水溶液中で，陰極と陽極の間に1.229 Vより高い電圧を印加すると，水酸化物イオンから陽極が受け取った電子は外部回路を

通って陰極に移動し，この間陽極室から陰極室に隔膜を通って移動する主として水素イオンによって溶液中を正電荷が動き，陽極で酸素，陰極で水素が生じます。

　水の電気分解は，電子の授受反応ですから，水素と酸素の製造速度は，電気分解のファラデーの法則にしたがって，通過する電子の流れの電流に比例します。工業的な水素と酸素の製造には十分に高い水素と酸素の製造速度が必要です。例えば表面積が 1 m² の陽極と陰極を用いる電気分解では，6,000 アンペアの電流，即ち電極 1 平方メートル当たり 6,000 A（6,000 A/m²）を流して，1 m² の陰極で 1 時間に 2.5 Nm³ の水素を製造し，その半分の酸素を陽極で発生させる予定です。決まった量の気体の体積は温度と圧力で変わりますので，私達はノルマル N という記号を使います。N は 0℃ で 1 気圧の時の体積という意味です。

　高い電流密度を用いて十分に速い速度で気体を発生させるためには，陽極と陰極の間に印加する電圧を上げる必要があります。気体製造のための消費エネルギーは，電流と電圧の積，ワット数です。陽極と陰極の間に 6,000 A/m² を流すための電圧を最少にする必要があります。私達の目標は 6,000 A/m² で 1.8 V です。1 Nm³ の水素を製造する消費電力が 4.3 kWh/ Nm³ H₂ です。したがって，水素と酸素を分離するために電気分解槽の陽極室と陰極室の間に隔膜をおいて電流密度（電極の単位面積当たりの電流）6,000 A/m² で 1.8 V の電圧を実現しなければなりません。もし，水素や酸素の製造の活性が低い陰極や陽極を用いると，高い電圧が必要で，エネルギー消費が不必要に高くなります。したがって，工業的電気分解に最も必要なことは，活性な陰極と陽極を得ることです。

10.2.1　海水の電気分解

　世界中で水の電気分解によって水素を製造するのにいつでもどこでも真水を使えるとは限りませんから，私達はまず海水を電気分解することを考えました。

10.2.1.1　海水の電気分解の陰極

　私達は，活性なNi-Fe-C合金陰極をきわめて単純な電気メッキ法で創ることに成功しました [1]。水素製造反応 (10.3) は，水素イオンH+を消費します。水素イオンの生成は水の解離反応(10.2)の結果です。水の解離反応で生じた水素イオンと水酸化物イオンOH⁻のうち，水素イオンが消費され水素ガスに変わると陰極の周りには水酸化物イオンが残ります。水酸化物イオンが増すとアルカリ性が増します。中性の海水では，反応 (10.2) の逆反応で水を生じるように，水酸化物イオンに水素イオンを供給するのは容易ではありません。陰極の周りには水酸化物イオンOH⁻ が濃縮することによって，陰極の周りのpHは急速に高くなってアルカリ溶液になります。このため，陰極の性能試験は90℃の8 M NaOHというアルカリ溶液で行いました。

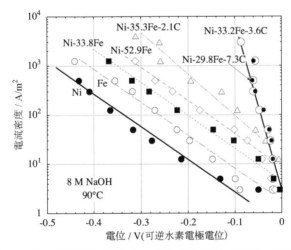

図10.2 90℃の8 M NaOH で測定したニッケル，鉄およびニッケル合金上での水素
発生のための水の電気分解の電流密度と電位の関係 [1]，許可を得て転載，
Copyright 2000, The Electrochemical Society

　図10.2はニッケルや鉄とその合金の電極を用いて90℃の8 M NaOH溶液で測定した電気分解による水素製造の電流密度と印可電圧との関係

です [1]。図10.1に模式的に書きましたように，水素製造反応 (10.3) では，陰極が水素イオンに電子を与えます。電流密度と印可電圧の関係を書くときには水素製造の印可電圧は負の数で表します。逆に，酸素の製造 (10.4) の反応では陽極が水酸化物イオンから電子を取るので酸素製造の印可電圧は正の数で表します。

　図10.2から明らかなように，電流密度の対数と印可電圧には直線関係があります。電流密度即ち水素製造速度を一桁上げるのには印可電圧を直線的に増す必要があります。電気分解による水素製造速度が電極表面での反応の速度で決まり，溶液の沖合から反応種が移動してくる速度のような他の因子で決まることがなく，水素生成の電気化学反応の機構が印可電圧で変わらない場合は，1秒間の水素製造の電気化学反応の電流密度 i と印可電圧 E との関係は一般に (10.6) 式のように書かれます。

$$i/F = K \exp(E/\beta) \tag{10.6}$$

ここで F はファラデー定数，K は水素イオンのような反応に関与する化学種の濃度を含む定数，β は電気化学反応の機構や電解液の温度などで決まる定数です。この式は電流密度の対数と印可電圧との間に直線関係がある図10.2の関係に対応しますが，印可電圧と電流密度にこういう関係が得られると，電流密度を一桁上げるのに必要な印可電圧の増大 $\partial E / \partial(\log i)$ はターフェル勾配と呼ばれ，V/decade（電流1桁上昇に必要な電圧 V）で表されます。

$$\partial E / \partial(\log i) = 2.303\, \beta\, V/\text{decade} \tag{10.7}$$

ここで 2.303 は自然対数 ln i を 10 を底とする常用対数 log i に変換する定数です。

　ニッケル Ni は安定な電極として知られていますが，図10.2に見られるように，高い水素製造速度即ち高い電流密度には高い印可電圧が必要です。このことは，ニッケルが水素製造には低活性であるため，高い電力消費を必要とすることを意味しています。一定の電圧では鉄 Fe は

ニッケルより高い電流密度を示し，Ni-Fe 合金はさらに高電流密度です。したがって，水素製造に対して鉄はニッケルより高い活性を持ち，Ni-Fe 合金はさらに高活性です。一定電位におけるニッケル，鉄，Ni-Fe 合金電極の電流密度は違いますが，電流密度を一桁上げるのには印可電圧を約 150 mV 上げる必要があります。したがって，ニッケル，鉄，Ni-Fe 合金ではターフェル勾配は約 -150 mV/decade です。

$$\partial E / \partial (\log i) \approx -150 \ \mathrm{mV/decade} \tag{10.8}$$

　Ni-Fe 合金の Fe 含量を増すと，一定電位における電流密度は上がりますが，ターフェル勾配は Ni-Fe 合金の Fe 含量を増しても変わりません。

　これに対し，ニッケルに鉄と炭素 C を加えて創製した私達の合金は，炭素を十分に加えると，水素製造の活性が驚くほど上昇します。十分な量の炭素を添加した Ni-Fe-C 合金陰極では，印可電圧を 100 mV 上げると電流密度が約三桁あがります。したがって，ターフェル勾配は約 -33 mV/decade です。

$$\partial E / \partial (\log i) \approx -33 \ \mathrm{mV/decade} \tag{10.9}$$

　このようなターフェル勾配の変化は水素製造反応の機構の変化によるものです。私達は，水素発生反応機構による反応速度の変化について詳細に研究しています [2]。水素発生は一段の反応 (10.3) で進むわけではなく，一連の 2 つの素反応によって起こります。第一の反応は (10.10) で，水素イオン H^+ が陰極から電子を一個渡され放電して，陰極表面に吸着した水素原子 H_{ads} となります。

$$H^+ + e^- \rightarrow H_{ads} \tag{10.10}$$

　それに続く反応は，2 つの吸着水素原子が結合して一つの水素分子を造る反応 (10.11)，あるいは一つの吸着水素原子のそばで水素イオンが放電して一つの水素分子を造る反応 (10.12) のいずれかです。

$$2H_{ads} \rightarrow H_2 \tag{10.11}$$

$$H^+ + e^- + H_{ads} \rightarrow H_2 \tag{10.12}$$

　全体の反応が一連の素反応で起こる場合には，全体の反応送度は最も遅い素反応の速度で決まります。この一番遅い素反応は全体の反応速度を決める反応ですから律速反応と言います。

　水素の放電反応 (10.10) が律速反応であるときに全体の反応の速度式は (10.13) です。

$$i/F = k_{13}\,[H^+]\,\exp\,(-\,FE/2RT) \tag{10.13}$$

ここでiは電流密度，Eは印可電圧，Fはファラデー定数，k_{13}は反応 (10.10) の右へ進む反応の速度定数，$[H^+]$はpHに対応する水素イオンの活量，Rは気体定数，Tは絶対温度です。

$$-\log\,[H^+] = pH \tag{10.14}$$

　ですから，もしpHが変化しない場合，$[H^+]$は一定ということで，90℃でのターフェル勾配$\partial E/\partial\,(\log i)$は (10.15) です。

$$\partial E/\partial\,(\log i) = -2.303 \times 2RT/F = -144\,mV/decade \tag{10.15}$$

$$\approx -150\,mV/decade \tag{10.8}$$

　この値は，ニッケル，鉄，Ni-Fe合金のターフェル勾配 (10.8) とほぼ同じです。したがってニッケル，鉄，Ni-Fe合金の水素発生反応の律速反応は水素イオンの放電 (10.13) です。ニッケル，鉄，Ni-Fe合金の水素イオンの放電反応 (10.10) は，ずっと速い反応 (10.11) あるいは (10.12) より遅いので，高い電流密度，即ち速い水素製造速度のためには高い印可電圧が必要です。図10.2に示したように，一定電位では鉄はニッケルより高電流密度を示し，Ni-Fe合金は鉄よりさらに高い電流密度を示します。したがって，鉄陰極での水素イオンの放電はニッケル陰極上より速く，Ni-Fe合金を形成すると，水素イオンの放電はさらに加速されま

す。それでも，Ni-Fe合金の形成による水素イオンの放電の加速は，律速反応を (10.10) から，(10.10) よりもっと速い反応 (10.11) や (10.12) に変えるには十分ではありません。

　陰極を改良して，水素イオンの放電をさらに速くして，もともと速い反応の (10.11) や (10.12) より反応 (10.10) を速くすると，律速反応は (10.11) か (10.12) になります。

　反応 (10.11) が律速反応である場合の全反応の速度式は (10.16) です。

$$i/F = k_{16} \left[H^+\right]^2 \exp\left(-2FE/RT\right) \qquad (10.16)$$

　反応(10.11)が律速反応の場合，反応(10.10)の正反応と逆反応は平衡になりますから，k_{16} は (10.10) および (10.11) の正反応の速度定数と (10.10) の逆反応の速度定数を含む速度定数です。反応(10.11)が律速反応で，溶液のpHが変わらないとき90℃でのターフェル勾配は (10.17) です。

$$\partial E/\partial\left(\log i\right) = 2.303\mathrm{x}\ RT/2F = -36\,mV/decade \qquad (10.17)$$
$$\approx -33\,mV/decade \qquad (10.9)$$

　2つの吸着水素原子が結合して水素分子を形成する反応 (10.11) が律速反応である場合，理論的ターフェル勾配は90℃で-36mV/decadeです。この値は，Ni-Fe-C合金のターフェル勾配 (10.9) とほぼ同じです。したがって，ニッケルに十分な量の鉄と炭素を添加すると，水素イオンの放電 (10.10) が速くなり，律速反応が水素イオンの放電 (10.10) から2つの吸着水素原子の結合による水素分子の生成 (10.11) に変わり，電気分解による水素製造速度が著しく加速されます。

　一方，反応(10.12)が律速反応であるときには，反応速度式は(10.18)です。

$$i/F = k_{18} \left[H^+\right]^2 \exp\left(-3FE/2RT\right) \qquad (10.18)$$

反応 (10.12) が律速反応の場合，反応 (10.10) の正反応と逆反応は平衡になりますから，k_{18} は (10.10)) および (10.12) の正反応の速度定数と (10.10)

の逆反応の速度定数を含む速度定数です。反応(10.12)が律速反応で、溶液のpHが変わらないとき90℃でのターフェル勾配は(10.19)です。

$$\partial E / \partial (\log i) = -2.303 \times 2RT/3F = -48\,mV/decade \qquad (10.19)$$

反応(10.12)が律速反応の場合、ターフェル勾配は90℃で-48 mV/decadeです。これは私達の場合には当てはまりません。

　このように、水素発生反応機構上は、2つの吸着水素原子の結合による水素分子の生成(10.11)が律速反応である場合が、ターフェル勾配が最も小さく、水素発生反応機構上最も高活性な電極で、低い電圧で最も速い水素製造速度が実現します。したがって、私達のNi-Fe-C合金は、水素発生反応機構上最も高活性な電極です。

　図10.2に見られるように、一定の電位では、鉄陰極の電流密度はニッケル陰極より高く、Ni-Fe合金陰極の電流密度は鉄陰極よりさらに高くなっています。ニッケル、鉄、Ni-Fe合金陰極上での水素発生反応の律速反応は水素イオンの放電(10.10)ですから、鉄陰極から水素イオンへ電子を渡す速度はニッケル陰極から水素イオンへ電子を渡す速度より速く、Ni-Fe合金陰極の場合は水素イオンへ電子を渡す速度がさらに速いことを示しています。水素イオンの放電は、陰極から負の電荷即ち電子が水素イオンへ渡されることによって起こります。陰極の組成を変えることによって、陰極が負の電荷即ち電子を水素イオンに渡し易くなれば、水素の放電は速くなります。水素イオンへの電子の移動は水素イオンへ電子を与える電極の原子の価電子の状態によって影響されます。原子の価電子の状態は内殻電子の結合エネルギーで想定できます。私達は、X線光電子分光法で内殻電子の結合エネルギーを調べました[1]。

　図10.3に示すように、Ni-Fe合金が形成されると、Ni 2p$_{3/2}$内殻電子の結合エネルギーが増し、Fe 2p$_{3/2}$内殻電子の結合エネルギーが低下します。Ni-Fe合金が形成されると、Ni原子の価電子の一部がFe原子に移動して、Niの原子核が引きつける周りの電子の密度が減るので、Ni 2p$_{3/2}$内殻電子はさらにNi原子核に引き寄せられ、一方Feの原子核が引きつけ

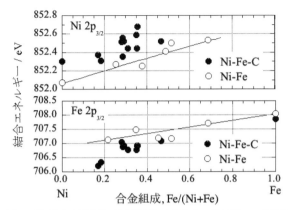

図10.3 Ni-FeおよびNi-Fe-C合金形成によるNi 2p$_{3/2}$およびFe 2p$_{3/2}$電子の結合エネルギーの変化 [1]，許可を得て転載，Copyright 2000, The Electrochemical Society.

る周りの電子の密度が増えるので，Fe原子核がFe 2p$_{3/2}$内殻電子を引きつける力は弱まります。その結果，Ni-Fe合金を形成することによって，Ni 2p$_{3/2}$内殻電子の結合エネルギーが上がり，Fe 2p$_{3/2}$内殻電子の結合エネルギーが下がります。図10.2に示したように，一定電位での水素発生に対する鉄の電流密度は，ニッケルより高く，鉄から水素イオンへの電子の移動はニッケルからより容易であることを示しています。Ni-Fe合金が生じるとNiからFeに電荷移動が起こりますから，Ni-Fe合金陰極のFeから水素イオンへの電荷移動はFe陰極からより速くなり，Ni-Fe合金陰極上での水素生成の電流密度はFe陰極より高くなります。

　図10.3に示すように，Ni-Fe合金に炭素を添加してNi-Fe-C合金を形成するとNi 2p$_{3/2}$電子の結合エネルギーはさらに増し，Fe 2p$_{3/2}$電子の結合エネルギーはさらに下がります。したがって，Ni-Fe-C合金の形成によって，ニッケルから鉄への電荷移動がさらに大きくなるので，鉄から水素イオンへの電荷移動（10.10）も速くなり，2つの吸着水素原子の結合（10.11）より速くなります。

　このように，私達は，水素製造に対して反応機構上最高活性のNi-Fe-C合金陰極を電気メッキ法で創ることに成功しました。

私達は水素製造の陰極として，さらに優れたCo-Ni-Fe-C合金を創ることができました [3]。水素発生の反応機構は，Ni-Fe-C 合金と同じです。

10.2.1.2 海水の電気分解の陽極

直接海水を電気分解するための陽極には困難な問題があります。海水は塩化ナトリウムNaCl溶液です。塩化物イオン Cl⁻ が電解質水溶液に存在すると，電気分解によって陽極では酸素発生 (10.4) と共に塩素発生 (10.20) が起こります。

$$2Cl^- - 2e^- \rightarrow Cl_2 \tag{10.20}$$

酸素発生反応 (10.4) の平衡電位は塩素発生反応 (10.20) の平衡電位より25℃で0.130 V 低いのですが，酸素発生反応は4電子反応なのに対し，塩素発生反応は2電子反応なので，高い電気分解電位では塩素発生反応が優勢になります。濃厚塩化ナトリウム溶液の電気分解は，ソーダ工業で，古くから陽極で塩素の製造，陰極で水酸化ナトリウムNaOHと水素の製造のために行われて来ました。NaCl水溶液中にはNa⁺，Cl⁻，H⁺とOH⁻イオンが存在しています。水素生成 (10.3) と塩素生成 (10.20) が起これば，残るナトリウムイオンNa⁺と水素発生の結果陰極に蓄積している水酸化物イオンOH⁻は水酸化ナトリウムNaOHを生じます。

$$Na^+ + OH^- \rightarrow NaOH \tag{10.21}$$

ソーダ工業は陰極で水酸化ナトリウムNaOHを製造し，陽極で塩素Cl₂を製造する産業で，陰極でできる水素は副産物でした。ソーダ工業での濃厚塩化ナトリウム溶液の電気分解は，塩素Cl₂と水素H₂の気体を分離するため陽極室と陰極室の間に隔膜を設けて行われます。

これに加えて，産業での海水の直接電気分解は海水を冷却水として用いる発電所などで行われています。冷却系に海の生き物が住み着いて配管が詰まることを防止することが目的です。これには，海水の取水口で次亜塩素酸ナトリウムNaClOを製造して冷却海水を滅菌する方法を用

います。このための海水の電気分解は，隔膜を用いずに陽極と陰極の隙間をできる限り狭くして行います。その結果，陰極で生じる水酸化ナトリウムと陽極で生じる塩素 Cl_2 が直接反応して（10.22）式のように次亜塩素酸ナトリウム NaClO を生じます。

$$2NaOH + Cl_2 \rightarrow NaClO + NaCl + H_2O \qquad (10.22)$$

　産業での NaCl 水溶液の電気分解は，ソーダ工業でも海水滅菌のための海水の直接電気分解であっても，陰極では水酸化ナトリウムと水素，陽極では塩素とどの目的でも同じ物が生じます。

　私達が大量の水素を製造するために行う海水の直接電気分解では，水素と同じ量の塩素を大気に放出することは許されません。このため，私達は，海水の直接電気分解であっても，塩素を生じることがなく，酸素だけを生じる陽極が必要でした。酸素発生反応（10.4）と塩素発生反応（10.20）は競争反応です。どちらが起こり易いかは陽極の材質によって決まります。

　酸素発生反応（10.4）と塩素発生反応（10.20）は共に激しい酸化性条件で起こります。白金族以外の普通の金属は，塩化物イオンを含む溶液中の酸化性条件では，急速に腐食されて劣化します。耐食性に優れていて腐食されない白金族陽極は，塩化物イオンの溶液中では酸素ではなく，主として塩素を発生します。

　このため，私達の最初の目標は，直接海水を電気分解しても塩素を発生せずに酸素のみを生じる新しい陽極を創ることでした。海水を電気分解する産業では，次亜塩素酸ナトリウム NaClO を造るために塩素 Cl_2 を発生する陽極には，一般に酸化イリジウム電極触媒をチタン基板に被覆した IrO_2/Ti を用います。酸化イリジウム電極触媒は，NaCl 水溶液の電気分解で必要な塩素 Cl_2 を造るのに高活性です。海水を滅菌するための実際の電気分解では，海水から陽極表面に二酸化マンガン MnO_2 が析出することによって，塩素発生効率がしばしば低下します。海水はマンガンイオン Mn^{2+} を含んでいます。IrO_2/Ti 陽極をマンガンイオン Mn^{2+} を含

む水溶液中で塩素発生に用いると IrO_2/Ti 陽極は二酸化マンガン MnO_2 で覆われて $MnO_2/IrO_2/Ti$ 陽極となります。マンガンイオン溶液から IrO_2/Ti への MnO_2 の生成は（10.23）のように陽極析出です。

$$Mn^{2+} + 4OH^- - 2e^- \rightarrow MnO_2 + 2H_2O \tag{10.23}$$

例えば Ni^{2+} 溶液から Ni の電気メッキは式（10.24）のようです。

$$Ni^{2+} + 2e^- \rightarrow Ni \tag{10.24}$$

陰極がニッケルイオン Ni^{2+} に2つの電子を与え，中性の金属を生じますので，これは陰極析出です。これに対し，式（10.23）でマンガンイオン Mn^{2+} はさらに2つの電子を陽極に取られ，$Mn^{4+}O^{2-}_2$ 固体を造るので，これは陽極析出です。IrO_2/Ti 陽極に二酸化マンガンが析出すると塩素発生効率が下がるのは，二酸化マンガンが酸素発生を促進し，塩素発生を妨げるからです。

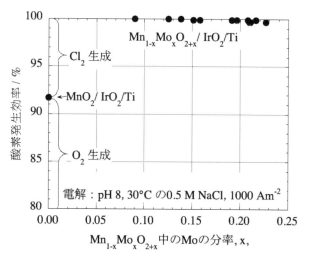

図10.4 pH 8の0.5 M NaCl溶液中電流密度1,000 A/m²でMn₂O₂/IrO₂/Tiおよび Mn₁₋ₓMoₓ/IrO₂/Ti陽極を用いて電気分解した場合の酸素発生効率 [5]，J. Appl. Electrochem., 29, 765 (1999)，許可を得て転載，Copyright 1999, Springer Nature.

したがって，二酸化マンガン上での酸素発生をさらに加速するように，私達は$MnO_2/IrO_2/Ti$陽極の二酸化マンガンにいろいろな元素を加えてみました。二酸化マンガンにタングステン[4]，モリブデン[5]，あるいは鉄[6]を添加することが，塩化ナトリウム溶液中での酸素発生を促進するのに特に有効でした。図10.4[5]に示すように，$1,000 A/m^2$の電流密度でpH8の0.5 M NaCl溶液を電気分解するのに，$MnO_2/IrO_2/Ti$陽極を使うと92%の電力は酸素発生に使われますが8%の電力は塩素発生に使われてしまいます。これに対し，MnO_2のマンガンイオンMn^{4+}の一部をモリブデンイオンMo^{6+}で置き換えて生じる$Mn_{1-x}Mo_xO_{2+x}/IrO_2/Ti$陽極は100%の酸素発生効率を示します。

IrO_2/Ti陽極でチタン基板は，外部回路からIrO_2に電力を供給する固体として働いています。したがって，IrO_2の表面は，塩化物イオン水溶液では塩素発生のための電極触媒，塩化物イオンを含まない水溶液では酸素発生のための電極触媒として働きます。チタン自体は水溶液の電気分解の陽極としては使えません。陽極として働く酸化条件では，チタンは直ぐに酸化され，絶縁性の酸化チタンTiO_2で覆われるので，電流を通すことができず，水酸化物イオンや塩化物イオンから電子を取ることができません。これに対し，酸化イリジウムIrO_2は高い導電性を備えています。このため，IrO_2で被覆されたTi，IrO_2/Tiは塩化物イオンCl^-や水酸化物イオンOH^-から電子を受け取る陽極として働くことができます。表面のIrO_2層が十分な厚さならチタンの酸化を防ぐことができ，IrO_2/Ti陽極は，海水の電気分解の塩素発生陽極としてだけでなく，自動車用鋼板の高速ニッケルメッキなど，塩化物イオンを含まない水溶液の電気分解の酸素発生陽極として産業で使われています。

IrO_2/Ti陽極に二酸化マンガンMnO_2が陽極析出して生じる$MnO_2/IrO_2/Ti$陽極では，IrO_2は酸素発生のための電極触媒MnO_2と基板Tiの間の中間層です。電極表面で発生する酸素が基板のTiを酸化するには，酸素はMnO_2層とIrO_2層とを通り抜けなければなりませんから，IrO_2層はTiの酸化を抑制します。

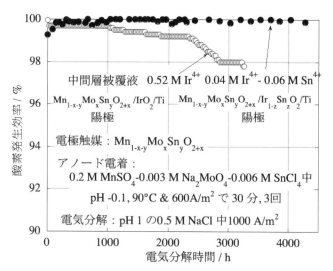

図10.5 pH 1 の 0.5 M NaCl 溶液中電流密度 1,000 A/m² で $Mn_{1-x-y}Mo_xSn_yO_{2+x}$/
IrO_2/Ti および $Mn_{1-x-y}Mo_xSn_yO_{2+x}$/$Ir_{1-z}Sn_zO_2$/Ti 陽極を用いて電気分解し
た場合の酸素発生効率 [8]，Appl. Surface Sci., 257, 8230 (2011)，許可
を得て転載，Copyright 2011, Elsevier.

　MnO_2/IrO_2/Ti 型陽極の酸素発生効率を高め，寿命を延ばすことを
組成や調製法を改良することで行いました。海水の電気分解条件で，
99.9％以上の酸素発生効率を長時間維持する最も有効な電極触媒は，モ
リブデンと共にスズイオン Sn^{4+} を添加した $Mn_{1-x-y}Mo_xSn_yO_{2+x}$ でした [7]。
図10.5 [8] は同じ成分の溶液を用いて同じ方法で作製した同じ電極触
媒 $Mn_{1-x-y}Mo_xSn_yO_{2+x}$ を用い，中間層を変えた陽極の性能を示しています。
IrO_2/Ti 陽極は，イリジウムイオン Ir^{4+} のブタノール溶液をチタンに被
覆して大気中で焼いて造ります。IrO_2 層を中間層として使ったときには，
0.52 M Ir^{4+} ブタノール溶液から IrO_2 層を造った $Mn_{1-x-y}Mo_xSn_yO_{2+x}$/$IrO_2$/
Ti 陽極が最高の性能を示しました。陽極の寿命を延ばすために，IrO_2 に
スズ Sn を添加し，0.04 M Ir^{4+}-0.06 M Sn^{4+} ブタノール溶液から $Ir_{1-z}Sn_zO_2$ を
中間層として作製した $Mn_{1-x-y}Mo_xSn_yO_{2+x}$/$Ir_{1-z}Sn_zO_2$/Ti 陽極が最高の性能
を示しました。この場合，0.04 M Ir^{4+}-0.06 M Sn^4 ブタノール溶液の Ir^{4+} 濃

度は，0.52 M Ir^{4+} ブタノール溶液の Ir^{4+} 濃度の13分の1しかありませんでしたが，$Mn_{1-x-y}Mo_xSn_yO_{2+x}/Ir_{1-z}Sn_zO_2/Ti$ 陽極は99.9％以上の酸素発生効率を4,200時間以上示しました。

IrO_2 中間層はチタン基板の酸化を防止しています。陽極上で電気分解による酸素発生の間に，MnO_2 型酸化物電極触媒の表面で生じる酸素原子のいくらかは，MnO_2 型酸化物層と IrO_2 層を通って Ti 基板表面に到達し，Ti 基板表面に TiO_2 層を生じます。TiO_2 は電気抵抗が高いので，一定電流密度の一定速度で酸素を製造している場合，電気分解槽に印可する電圧は，TiO_2 層が成長するに連れて高くなります。例え，99.9％以上の酸素発生効率が維持されても，高い印可電圧，したがって高い電力消費は電気分解産業では許されません。

高速ニッケルメッキ産業では，酸素発生の間にチタン基板の酸化を防止するために厚い IrO_2 層を備えた IrO_2/Ti 陽極を使うことができます。高速ニッケルメッキ産業はそれほど大規模ではありませんので，厚い IrO_2 層を使うことが許されます。しかし，世界中で水素を造るために大量の貴金属を使うことは不可能ですし，貴金属を減らして TiO_2 生成の結果として大電力を消費することも許されません。したがって，海水を直接電気分解しても塩素を発生しない $Mn_{1-x-y}Mo_xSn_yO_{2+x}$ のような有効な電極触媒は得られましたが，海水を直接電気分解するためには，陽極をさらに改良する必要があります。

このように，海水を直接電気分解するために，解決しなければならない問題がまだ幾つかあります。しかし，電気分解による水素製造の産業化は緊急の課題です。そこで，海水を直接電気分解する陽極の改良に先立ち，私達は，産業に使える省エネルギー型の新しい陽極や陰極を創りだして，高温アルカリ水溶液の電気分解で水素を製造することにしました。

10.2.2　アルカリ溶液電気分解のための陽極と陰極

上に述べた陽極を用いる電気分解に比べて，アルカリ溶液の電気分解は海水を逆浸透法で脱塩した後イオン交換を行った淡水を用いても，経

済的には可能です。高温濃厚アルカリ溶液には，いろいろな利点があります。激しい酸化条件での酸素発生に高耐食性のニッケルやコバルトなどが使えますから，白金族金属を陽極に必要としません。無機アルカリ溶液からは陽極で酸素しか発生しません。特に，高温濃厚KOH溶液は省エネルギー工業電気分解に必要な極めて高い電気伝導度を備えています。したがって，当面の産業化には，新しく創る陽極と陰極を用いる高温濃厚KOH溶液の電気分解を採用しました。10.2.1.1に述べた合金を改良して，有効な陰極を創りました。陽極としては貴金属以外の大部分の金属は，高温アルカリ溶液中の電気分解条件では溶解しますので，ニッケルとコバルトだけが陽極材料の候補です。

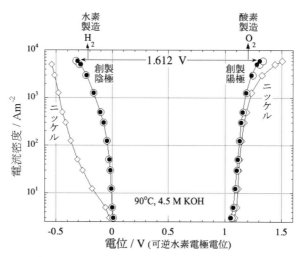

図10.6 90℃の4.5 M KOH溶液中での水の電気分解による水素発生と酸素発生の電流密度と電位の関係．

　図10.6は，アルカリ溶液の電気分解のために新しく創った陽極と陰極の性能を示しています。印加電圧1.8Vで電流密度6,000 Am^{-2}という当面の目標は，最も電気伝導度が高い90℃の30wt% KOH溶液の電気分解に，水素と酸素を分離するための隔膜を用いて既に実現しています。

　実際に二酸化炭素のメタン化に用いるために，水素と酸素を発生する

産業用のアルカリ溶液電気分解プラントが，これらの電極を用いて作られています。

10.3　二酸化炭素メタン化の触媒

二酸化炭素 CO_2 と水素 H_2 の触媒反応でメタン CH_4 を生じる反応式（10.25）は非常に単純で，中学生でも簡単に書くことが出来ます。

$$CO_2 + 4H_2 \rightarrow CH_4 + 2H_2O \tag{10.25}$$

ところが，常圧での実際の反応は大変困難です。従来の触媒を常圧の二酸化炭素と水素の反応に使うと，生成物は通常メタンではなく，（10.26）式のように一酸化炭素 CO です。

$$CO_2 + H_2 \rightarrow CO + H_2O \tag{10.26}$$

その上，（10.26）式の反応は非常に遅く，後で述べますように，一酸化炭素は分解して触媒を汚染するので，反応速度が急速に低下します。

これに対し，私達の目標は，世界中のどこでも誰もが容易にメタンを作ることですから，二酸化炭素と水素の混合ガスを簡単な反応器に供給しさえすれば，反応ガスを加圧することなどなく，反応式（10.25）によって，一酸化炭素などは生じることがなく，メタンがほぼ100％の選択率で迅速に生じることです。二酸化炭素に水素が作用する触媒反応のためには，二酸化炭素の酸素と炭素の結合が弱まるように，二酸化炭素分子の酸素原子の一つが触媒表面の特定の場所に吸着しなければなりません。同時に水素原子は，触媒表面で二酸化炭素分子の酸素原子の一つが吸着している場所から，原子の大きさに近い距離内の他の場所に吸着しなければ，二酸化炭素分子と水素原子が触媒表面で反応できません。

二酸化炭素分子と水素原子が，原子の大きさに近い距離で触媒表面に吸着した状態が生まれれば，吸着水素原子は，二酸化炭素分子の吸着酸素原子と反応し，最終的にはメタンの生成迄進みます。一般に二酸化炭

素は金属酸化物の表面に吸着しますが，水素は金属状態の金属の表面に吸着します。したがって，二酸化炭素と水素の反応でメタンを生じる触媒は，金属酸化物と金属の均一な混合物である必要があります。金属酸化物と金属の均一な混合物の生成に，私達は触媒前駆体として，合金を用いました。これらの合金では，メタン生成反応の環境中で，合金成分のある物は容易に酸化され，他の成分は金属状態に留まります。

式（10.25）のように，反応気体は二酸化炭素1体積と水素4体積の混合物です。右へ進む正反応は発熱反応です。反応は熱を放出しますので，(10.25) の正反応で全ての反応ガスをメタンに変えるのには低温の方が有利ですが，低い反応温度では，反応はゆっくり進みます。メタン製造産業では，高温で迅速にメタンを製造する必要があります。しかし高温ほど（10.25）の逆反応の吸熱反応が起こり易くなります。このため，反応温度は250℃から500℃程度ということになります。

10.3.1 常圧で高速にメタンのみを生成する触媒

250℃から500℃で二酸化炭素と水素の混合ガス中で，チタン，ジルコニウム，ニオブ，タンタルなどの酸化され易い金属は酸化物になりますが，ニッケルなどの酸化されにくい金属は金属状態に留まります。このようなことから私達は，チタン，ジルコニウム，ニオブ，タンタルとニッケル，コバルト，鉄との合金を触媒前駆体として用いました。いろいろな組成の Ni-Ti, Ni-Zr, Ni-Nb, Ni-Ta, Co-Ti, Co-Zr, Co-Nb, Co-Ta, Fe-Ti, Fe-Zr, Fe-Nb, Fe-Ta 合金です。私達は，原子の均一な混合物である溶融合金を急冷して生じる単相の固容体合金を調製しました。これらの合金は結晶構造を持たないため，アモルファス(非晶質)合金と呼ばれます。これらの合金を大気中で酸化した後，水素中で還元して、Ni-TiO_2, Ni-ZrO_2, Ni-Nb_2O_3, Ni-Ta_2O_3 などの金属 - 金属酸化物の混合体を得ました。

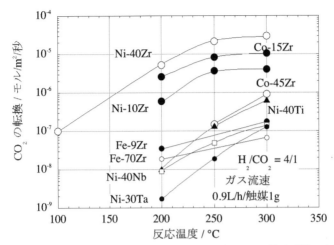

図 10.7 Ni-ZrO₂, Co-ZrO₂, Fe-ZrO₂, Ni-TiO₂, Ni-Nb₂O₃ あるいは Ni-Ta₂O₃ 触媒 1 g 上を 80%H₂ と 20%CO₂ の混合ガスを 1 時間に 0.9 L の速度で流した場合の CO₂ 転換効率 [9]，許可を得て転載，Copyright 1993, The Electrochemical Society.

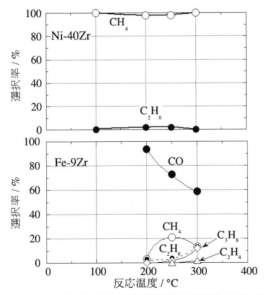

図 10.8 Ni-ZrO₂ および Fe-ZrO₂ 触媒 1 g 上を 80%H₂ と 20%CO₂ の混合ガスを 1 時間に 0.9 L の速度で流した場合の反応生成物の分析結果 [9]，許可を得て転載，Copyright 1993, The Electrochemical Society.

図10.7［9］は，20%二酸化炭素，80%水素の混合ガスを触媒1g当たり，1時間に0.9Lの速度で反応管に流し，出口ガスから水を除いて分析した結果です。二酸化炭素の転換速度が特に速いのは，Ni-40Zr合金から造られた触媒を用いた時です。

　図10.8［9］は反応生成物の分析結果です。Ni-40Zr合金のメタン選択率はほぼ100%で，1%未満の微量の副産物はエタンです。これに対し，二酸化炭素の転換率が低い触媒では，主生成物は一酸化炭素です。したがってNi-40Zr合金から得られるNi-ZrO₂型触媒は，二酸化炭素のメタン化に対する理想的触媒と評価できました。

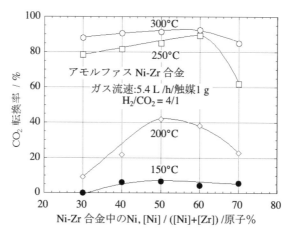

図10.9　Ni-Zr合金のNi分率を変えた合金を前駆体とする触媒1g上を80%H₂と20%CO₂の混合ガスを1時間に5.4 Lの速度で流した場合のCO₂のメタンへの転換効率 [10]，Appl. Catal. A: General, 163, 187 (1997)，許可を得て転載，Copyright 1997, Elsevier.

　私達は，Ni-Zr合金から造られるNi-ZrO₂型触媒の独特の性質を詳細に調べました［10,11］。図10.9［10］に示すように，ニッケル含量を変えたNi-Zr合金を触媒の調製に使うと，ニッケル含量が中程度のときに最高の活性が得られます。これらの触媒の調製やメタン化の温度では，安定なZrO₂の構造は単斜晶です。しかし，Ni-Zr合金から造られた触媒には，単斜晶と正方晶のZrO₂が存在していました。

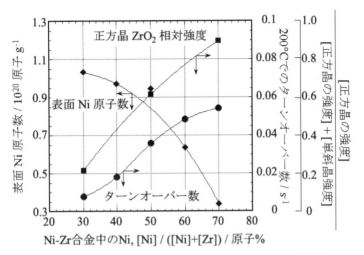

図10.10 Ni-Zr合金のNi分率を変えた触媒1g上を80%H₂と20%CO₂の混合ガスを
1時間に5.4Lの速度で流した場合の表面Ni原子1個当たりのCH₄生成の
ターンオーバー数および触媒の表面Ni原子数と正方晶ZrO₂の相対量の変化
[10]

　図10.10 [10,11] に示すように，正方晶ZrO_2の相対量はNi-Zr合金の
ニッケル含量を増すと共に増大しました。メタン化に有効な表面Ni原
子数は，Ni-Zr合金のニッケル含量が増すと，Niが凝集してしまうために
減りますが，一個の表面Ni原子の上で1秒間に生じるメタンの数であ
るターンオーバー数は，Ni-Zr合金のニッケル含量が増すと共に増大し
ました。したがって，Ni-Zr合金のニッケル含量が増すと共に，正方晶
ZrO_2は増大し，メタン化反応の触媒活性も増大しました。実際に，最
高活性はNi-Zr合金のニッケル含量が中程度のときに得られました。こ
れは触媒中の正方晶ZrO_2が最大のときに相当します。前駆体Ni-Zr合
金のニッケル含量がさらに増すと，単斜晶ZrO_2に対する正方晶ZrO_2の
比は増大しますが，当然正方晶ZrO_2を生じる全ZrO_2量は低下します。
この結果，二酸化炭素のメタン化に対する最高活性は，正方晶ZrO_2が
最大のときに得られます。したがって，Ni-正方晶ZrO_2が有効な触媒で
あることがわかります。

10.3.2 二酸化炭素の二座配位吸着を可能にする触媒

実際には，正方晶ZrO_2は純粋なZrO_2ではありません。Ni-Zr合金の酸化でZrO_2が生じるZrO_2結晶形成の際に，いくらかのNi^{2+}イオンがZrO_2結晶格子に含まれます。ZrO_2は1個のZr^{4+}と2個のO^{2-}からなりますが，酸化ニッケルNiOは1個のNi^{2+}と1個のO^{2-}からなっています。4価のZr^{4+}の代わりに2価のNi^{2+}がZrO_2結晶格子に含まれると，ZrO_2型酸化物のO^{2-}の数は2より少なくなり，O^{2-}の2からの不足分はZrO_2型格子のNi^{2+}の数と同じになります。その結果生じる酸化物は$Zr^{4+}_{1-x}Ni^{2+}_xO_{2-x}$です。$ZrO_2$型酸化物の$O^{2-}$が不足している場所は，酸素空孔と呼ばれます。こうして生じる$Zr^{4+}_{1-x}Ni^{2+}_xO_{2-x}$は単相で，xは$ZrO_2$型酸化物格子の酸素空孔の数に相当します。$ZrO_2$型酸化物に酸素空孔があるために，単斜晶構造は安定にならず，生じるZrO_2型酸化物は正方晶構造で安定になります。

正方晶ZrO_2の酸素空孔が，環境の酸素を強く引きつけることは良く知られています。例えば正方晶$Zr^{4+}_{1-y}Y^{3+}_yO_{2-0.5y}$は，250℃位迄温度を上げた水蒸気中では，$H_2O$を吸収して重くなり，吸収された$H_2O$のモル数は酸素空孔の数に等しくなると言われ，その結果正方晶$Zr^{4+}_{1-y}Y^{3+}_yO_{2-0.5y}$結晶は単斜晶に変わると報告されています[12,13]。

二酸化炭素の酸素に対する正方晶ZrO_2型酸化物の酸素空孔の強い親和力が，二酸化炭素の吸着を促進します。このことがNi-正方晶ZrO_2型酸化物触媒が，二酸化炭素に対する水素添加によるメタン生成に有効である理由です。このことに関連して，高野[14]は，Ni-正方晶ZrO_2型酸化物触媒上での水素と二酸化炭素が4対1の混合気体からメタンの生成を拡散反射型赤外線分光法で研究し，中間体として二座配位型炭酸塩と二座配位型ギ酸塩を同定し，Ni-正方晶ZrO_2型酸化物触媒上で二酸化炭素がメタンに転換する過程を図10.11のように示しました[14]。二座配位型炭酸塩が見つかったことは，二酸化炭素メタン化の触媒は，その表面に二酸化炭素が二座配位吸着できる能力を持つ必要があることを示しました。また，中間体の二座配位ギ酸塩が見つかったことは，二座配位ギ酸塩からフォルムアルデヒドへの転換が遅く，フォルムアルデヒドの

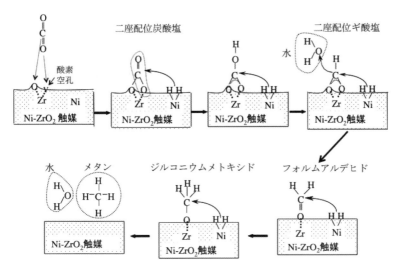

図10.11 Ni-ZrO₂型触媒上で二酸化炭素が水素との反応でメタンに転換する過程の
拡散反射赤外分光分析結果を用いた推測 [14]

生成が律速反応であることを示しました。

　二酸化炭素が二座配位吸着するためには，触媒表面には，二酸化炭素分子の一つの酸素が吸着できる場所があることと，同時に，その二酸化炭素分子の炭素原子が吸着できる酸素を触媒表面は持っていなければなりません。図10.11 に示すように，正方晶 ZrO₂ 型酸化物の酸素空孔に二酸化炭素分子の一つの酸素が吸着し，同時に，その二酸化炭素分子の炭素が正方晶 ZrO₂ 型酸化物の酸素に吸着することで，二座配位炭酸塩の吸着ができます。Ni- 正方晶 ZrO₂ 型酸化物触媒は，まさにこのような吸着場所を提供する物質です。このようにして，二座配位炭酸塩が触媒に吸着することで，二酸化炭素の水素添加によるメタンと水の生成が進んで行きます。

　正方晶 ZrO₂ 型酸化物の役割が明らかになったことから，正方晶 ZrO₂ 型酸化物の相対量を増すことによって，触媒活性をさらに向上させられることが期待できます。Ni-Zr合金では，ニッケル含量を増すことによって，正方晶 $Zr^{4+}_{1-x}Ni^{2+}_{x}O_{2-x}$ の相対量を増すことができますが，ニッ

ケル含量を増すと表面Ni原子の分散は減り，正方晶$Zr^{4+}_{1-x}Ni^{2+}_xO_{2-x}$を含む$ZrO_2$型酸化物の絶対量も減ります。

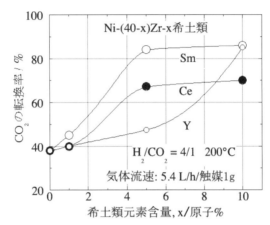

図10.12 触媒1g上を80%H_2と20%CO_2の混合ガスを1時間に5.4Lの速度で流した場合のCO_2のメタンへの転換効率に及ぼすNi-Zr-Sm, Ni-Zr-CeおよびNi-Zr-Y合金触媒前駆体中の希土類元素の効果[15]，Surf. Sci. Catal., 114, 261 (1998)，許可を得て転載，Copyright 1998, Elsevier.

　したがって，触媒のニッケル含量を増すことなしに，正方晶ZrO_2型酸化物量を増す必要があります。上に述べた$Zr^{4+}_{1-y}Y^{3+}_yO_{2-0.5y}$の例のように，結晶格子の中に酸化された希土類元素を含むことで正方晶ZrO_2型酸化物は安定化されます。そこで，私達は，触媒前駆体として，アモルファスNi-Zr-希土類元素合金を調製しました[15]。図10.12[15]は希土類元素の添加が，二酸化炭素のメタン化の触媒活性向上に如何に有効かを示しています。希土類元素の添加は，正方晶ZrO_2型酸化物を安定にするだけでなく，二酸化炭素メタン化を著しく促進しています。

10.3.3　一酸化炭素と二酸化炭素混合ガスのメタン化

　バイオマスをガス化すると一酸化炭素と二酸化炭素と水素の混合ガスが得られます。これをメタンに変えることはバイオマス有効利用の重要な方法です。一酸化炭素のメタン化は（10.27）式のように表されます。

$$CO + 3H_2 = CH_4 + H_2O \hspace{4em} (10.27)$$

　しかし，一酸化炭素と水素が1対3というような混合ガスを反応ガスに用いると，常圧では (10.27) 式の一酸化炭素のメタン化は200℃のような低い温度では数%も進みません [16]。これに対し，不均化反応と言われる二つの CO 分子から二酸化炭素と炭素が生じる反応が起こります [16]。

$$2CO = CO_2 + C \hspace{4em} (10.28)$$

　この不均化反応が起こると，生じる炭素が触媒表面に吸着して，たちまち触媒活性が低下します。

　私達はガス化ガスを模擬して, 14.4% CO, 13.3% CO$_2$, 64.8% H$_2$, 5.4% N$_2$, 2.1% CH$_4$, 約 0.01 ppm H$_2$S という混合ガスのメタン化を行いました [16]。この系では一酸化炭素と二酸化炭素を全てメタン化するのには水素が不足しています。図10.13 [16] に示すように，200℃程度で，一酸化炭素が出口ガスに見られなくなり，残る水素で二酸化炭素がメタン化されます。これは，先に述べましたように，一酸化炭素と水素が1対3と

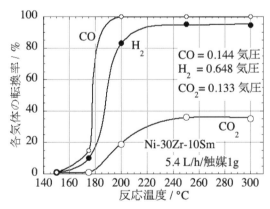

図10.13 14.4% CO, 13.3% CO$_2$, 64.8% H$_2$, 5.4% N$_2$, 2.1% CH$_4$, 約0.01ppm H$_2$S混合ガスを1時間にNi-30Zr-10Sm触媒1gあたり5.4Lの速度で流した場合のCO, H$_2$, CO$_2$の転換率の反応温度による変化 [16]，Appl. Catal. A: General, 172, 131 (1998)，許可を得て転載，Copyright 1998, Elsevier.

いうような混合ガスを反応ガスに用いると，ほとんど一酸化炭素は反応しなかったのと大きな違いです。式（10.25）のように，二酸化炭素のメタン化は，メタンと共に水蒸気を発生します。水蒸気が発生すると，一酸化炭素は水蒸気と反応して，二酸化炭素と水素に変わります。

$$CO + H_2O = CO_2 + H_2 \qquad\qquad (10.29)$$

　この反応は，石炭の水蒸気改質で得られるガスの水素濃度を上げるのに利用されていて，ガスの組成を替える（shift）ので，シフト反応と言われています。発熱反応ですから，図10.13のように，一酸化炭素と二酸化炭素と水素を反応ガスとする場合，私達の触媒上では200℃という低い温度でシフト反応が容易に進行し，出口ガスにCOは検出されなくなります。一酸化炭素と二酸化炭素と水素の系でのメタン化では，式（10.25）の反応で二酸化炭素がメタン化して水蒸気ができると，直ちにシフト反応で一酸化炭素を二酸化炭素と水素に変えるので，結局一酸化炭素と二酸化炭素と水素の系では，一酸化炭素は全て二酸化炭素に変わって，二酸化炭素がメタンに変わるという形で全てのメタン化反応が進行します。したがって，一酸化炭素と二酸化炭素と水素の系では，水素量が不十分でも出口ガスに一酸化炭素が残ることはなく，水素不足でメタン化しきれなかった二酸化炭素がメタンと共に出口で検出されるだけになります。なお，バイオマスのガス化で得られるガスには水蒸気が含まれていますので，私達の触媒を使うと，一酸化炭素はすぐにこの水蒸気とのシフト反応（10.28）で水素と二酸化炭素に変わります。結局，私達の触媒上では一酸化炭素はシフト反応で一酸化炭素と同量の水素と二酸化炭素に変わりますから，メタン生成は反応（10.25）だけで起こり，メタンの収量は原料ガス中の水素量と一酸化炭素量の和の4分の1になります。

　図10.13の場合には，250℃や300℃では二酸化炭素は35%しか転換していないように見えます。しかし，一酸化炭素は検出されていません。このことは，一酸化炭素はまずシフト反応で二酸化炭素と水素に変わり，

次いでメタンに転換したことを意味しています。したがって，生成した
メタンの量は，原料ガス中にあった一酸化炭素の量と原料ガス中の二酸
化炭素の35％の和ということになり，水素は原料ガス中にあった水素
の5％しか残っていません。これは後で述べます一段の反応器では最高
の転換に相当します。

　また，私達の触媒上では，一酸化炭素が先になくなるので，一酸化炭
素から，不均化反応で生じる炭素が触媒に吸着して触媒活性を落とすこ
とはありません。

　さらに，私たちの触媒を使うと，木質ガスには必ず含まれる硫化水素
H_2Sも約0.01ppm程度の濃度では，触媒反応に影響しないことが分かり
ました。

　このことを利用して，木質バイオマスをガス化してさらにメタン化す
る試作プラントも二つの企業の共同研究開発で作られています。

10.3.4　大量生産用触媒

　アモルファス合金は，研究室規模の新しい合金の調製が迅速にできる
ため，触媒前駆体として用いる基礎研究には，アモルファス合金は大変
有効ですが，触媒の大量生産には向いていません。これ迄説明して来
ましたように，触媒の前提条件は合金が存在することではなく，正方晶
ZrO_2型酸化物に担持した金属ニッケルの生成です。私達はそのような
触媒を粉末の形で創ることができました [17,18]。水溶性ジルコニアゾ
ルをジルコニウム源として用い，これにニッケル塩や希土類元素の塩を
溶解しました。乾燥後，300-650℃の大気中で焼成して，NiOとNi^{2+}と希
土類元素の陽イオンを含む正方晶ZrO_2型酸化物の混合物を造りました。
この酸化物混合物表面のNiOを水素気流中でNiに還元し，正方晶ZrO_2
型酸化物に担持したNiからなる触媒を調製しました。この触媒の性能は，
アモルファスNi-Zr-希土類元素合金から得られた触媒と同等でした。

　さらに，廉価で大量の資源がある元素を用いた触媒を造るために，希
土類元素の代わりに，カルシウムを用いて触媒を創りました [19,20]。

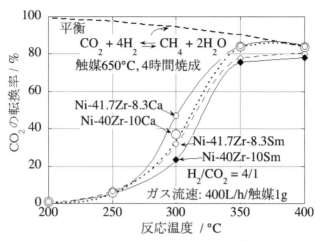

図10.14 Ni-Zr-CaおよびNi-Zr-Sm合金を前駆体とする触媒1g上を80%H₂と
20%CO₂の混合ガスを1時間に400Lの速度で流した場合のCO₂のメタ
ン化性能 [20]，Appl. Surf. Sci. Catal., 388 [B]，608 (2016)，許可を得
て転載，Copyright 2016, Elsevier.

カルシウムは酸化されやすく，容易に酸化された状態になって，溶融合金にも溶けないので，どんな金属合金にも添加することは不可能です。しかし，カルシウム塩をジルコニアゾルに溶解することはできます。図10.14 [20] はこうして調製したNi-Zr-CaとNi-Zr-Sm触媒の性能です。Ni-Zr-Ca触媒は，二酸化炭素メタン化が化学平衡に達するほど高い活性を備えていることを示しています。反応 (10.25) の正反応は昇温と共に促進されますが，図中の化学反応式の化学平衡の点線が右下がりのように，温度が上がると，逆のメタンが二酸化炭素に戻る吸熱反応も加速されます。Ni-Zr-Ca触媒上での二酸化炭素のメタンへの転換は，400℃以上で最大の化学平衡値に達しています。

　大量の希土類元素や貴金属を使うような技術は普及できません。これに対し，Ni-Zr-Ca触媒は二酸化炭素のメタン化に世界中で広く使うことができます。再生可能エネルギーを皆で使うためには，私達の技術を世界に広く伝える必要があります。環境に優しい技術の産業化のためには，希土類元素や貴金属を大量に使わないことが特に大切です。

メタン製造産業では，純度99％以上のメタンが，常圧で作動する二段の反応器を使うことで容易に得られます。一段目の反応器の出口ガスから水を除き，できたメタンと残っている水素と二酸化炭素の混合ガスを二段目の反応器に送ります。二段目の反応器の出口ガスから水を除くことによって，高純度メタンが得られます。

これらの触媒を使い，反応器二段の二酸化炭素メタン化プラントが製造されています。

文献

[1] S. Meguro, T. Sasaki, H. Katagiri, H. Habazaki, A. Kawashima, T. Sakaki, K. Asami, K. Hashimoto: Electrodeposited Ni-Fe-C cathodes for hydrogen evolution, J. Electrochem. Soc., Vol.147, pp.3003-3009 (2000)

[2] A. Kawashima, K. Hashimoto, S. Shimodaira: Hydrogen electrode reaction and hydrogen embrittlement of mild steel in hydrogen sulfide solutions, Corrosion, Vol. 32, pp. 321-332 (1976)

[3] P. R. Zabinski, S. Meguro, K. Asami, K. Hashimoto: Electrodeposited Co-Ni-Fe-C alloys for hydrogen evolution in a hot 8 kmol·m^{-3} NaOH, Mater. Trans., Vol. 47, No.11, pp. 2860-2866 (2006)

[4] K. Izumiya, E. Akiyama, H. Habazaki, N. Kumagai, A. Kawashima, K. Hashimoto: Anodically deposited manganese oxide and manganese-tungsten oxide electrodes for evolving oxygen from seawater, Electrochim. Acta, Vol. 43, pp.3303-3312 (1998)

[5] K. Fujimura, K. Izumiya, A. Kawashima, H. Habazaki, E. Akiyama, N. Kumagai, K. Hashimoto: Anodically deposited manganese-molybdenum oxide anodes with high selectivity for evolving oxygen in electrolysis of seawater, J. Appl. Electrochem., Vol. 29, pp.765-771 (1999)

[6] N. A. Abdel Ghany, N. Kumagai, S. Meguro, K. Asami, K. Hashimoto: Oxygen evolution anodes composed of anodically deposited Mn-Mo-Fe oxides for seawater electrolysis, Electrochim. Acta, Vol. 48, pp.21-28 (2002)

[7] A. A. El-Moneim, J. Bhattarai, Z. Kato, K. Izumiya, N. Kumagai, K. Hashimoto: Mn-Mo-Sn Oxide Anodes for Oxygen Evolution in Seawater

Electrolysis for Hydrogen Production, ECS Trans., Vol. 25, No.40, pp. 127-137 (2009)

[8] Z. Kato, J. Bhattarai, N. Kumagai, K. Izumiya, K. Hashimoto: Durability enhancement and degradation of oxygen evolution anode in seawater electrolysis for hydrogen production, Appl. Surf. Sci., Vol. 257, pp.8230-8236 (2011)

[9] H. Habazaki, T. Tada, K. Wakuda, A. Kawashima, K. Asami, K. Hashimoto: Amorphous iron group metal-valve metal alloy catalysts for hydrogenation of carbon dioxide. In C. R. Clayton, K. Hashimoto eds. Corrosion, Electrochemistry and Catalysis of Metastable Metals and Intermetallics, the Electrochemical Society, pp.393-404 (1993)

[10] M. Yamasaki, H. Habazaki, T. Yoshida, E. Akiyama, A. Kawashima, K. Asami K. Hashimoto: Composition dependence of the CO_2 methanation activity of Ni/ZrO_2 catalysts prepared from amorphous Ni-Zr alloy precursors, Appl. Catal. A, General, Vol.163, pp.187-197 (1997)

[11] M. Yamasaki, H. Habazaki, T. Yoshida, M. Komori, K. Shimamura, E. Akiyama, A. Kawashima, K. Asami, K. Hashimoto: Characterization of CO_2 methanation catalysts prepared from amorphous Ni-Zr and Ni-Zr-rare earth element alloys, Studies in Surf. Sci. Catal., Vol.114, pp. 451-454 (1998)

[12] 成田舒孝, 酸化物セラミックスの環境効果に対する酸素空孔の役割, 科研費助成事業データーベース, 63550474, 1988
https://kaken.nii.ac.jp/ja/grant/KAKENHI-PROJECT-63550474/

[13] J. Chevalier, L. Gremillard, A. Virkar, D. R. Clarke: The tetragonal-monoclinic transformation in zirconia: Lessons and future trend, J. Am. Ceramic Soc., Vol. 92, No.9, pp.1901-1920 (2009)

[14] 高野裕之：二酸化炭素のメタン転換用Ni/ZrO_2触媒の開発研究, 博士学位論文, 2016年3月, 北海道大学大学院総合化学院

[15] H. Habazaki, T. Yoshida, M. Yamasaki, M. Komori, K. Shimamura, E. Akiyama, A. Kawashima, K. Hashimoto: Methanation of carbon dioxide on catalysts derived from amorphous Ni-Zr-rare earth element alloys, Studies in Surf. Sci. Catal., Vol. 114, pp.261-266 (1998)

[16] H. Habazaki, M. Yamasaki, B.-P. Zhang, A. Kawashima, S. Kohno, T. Takai, K. Hashimoto: Co-methanation of carbon monoxide and carbon dioxide on

supported nickel and cobalt catalysts prepared from amorphous alloys, Appl. Catal. A, General, Vol. 172, pp.131-140 (1998)

[17] H. Habazaki, M. Yamasaki, A. Kawashima, K. Hashimoto: Methanation of carbon dioxide on Ni/ (Zr-Sm) O_x catalysts, Appl. Organometallic Chem., Vol. 14, pp.803-808 (2000)

[18] H. Takano, K. Izumiya, N. Kumagai, K. Hashimoto: The effect of heat treatment on the performance of the Ni/ (Zr-Sm oxide) catalysts for carbon dioxide methanation, Appl. Surf. Sci., Vol. 257, pp.8171-8176 (2011)

[19] H. Takano, H. Shinomiya, K. Izumiya, N. Kumagai, H. Habazaki, K. Hashimoto: CO_2 methanation of Ni catalysts supported on tetragonal ZrO_2 doped with Ca^{2+} and Ni^{2+} ions, Int. J. Hydrogen Energy, Vol. 40, pp. 8347-8355 (2015)

[20] K. Hashimoto, N. Kumagai, K. Izumiya, H. Takano, H. Shinomiya, Y. Sasaki, T. Yoshida, Z. Kato: The use of renewable energy in the form of methane via electrolytic hydrogen generation using carbon dioxide as the feedstock, Applied Surf. Sci., Vol. 388 [B] , pp.608–615 (2016)

第11章　実証プラントとパイロットプラント

　鍵となる有効な材料の創製に成功しましたので，実証プラントとして1時間に0.1 Nm³の速度でメタンを製造する世界最初のPower To Gasプラントを1996年東北大学に建造することができました。このプラントは，太陽電池による発電，海水の電気分解による水素製造，二酸化炭素と水素の反応によるメタン製造，メタン燃焼からなっています。二酸化炭素メタン化システムとメタン燃焼器の間は往復の配管で繋がり二酸化炭素で薄めた酸素でメタンを燃やした後，二酸化炭素が自動的にメタン化システムに送り返されます。2003年には，産業規模のパイロットプラントを東北工業大学に作りました。これは海水の電気分解槽と二酸化炭素メタン化システムからなり，1時間に1 Nm³の速度でメタンを製造するものです。2011年以降は，プラントの建造と産業化が日本の企業の主導で国内外の企業の協力を得て進んでいます。

　　キーワード：1996年実証プラント，2003年産業規模パイロットプラント，
　　　　　　　　企業による産業化

11.1　実証プラント

　鍵となる材料の創製が成功したお陰で，私達は特別な研究費を1995年秋に戴き，図11.1 [1] に示すように，私達のアイデアを実際に示すことができるグローバル二酸化炭素リサイクル実証プラントを企業の私達の仲間が1996年3月に東北大学金属材料研究所の屋上に造ってくれました。
　このプラントは太陽電池，水素製造のための電気分解装置，水素と二酸化炭素の反応による反応器二段のメタン製造装置，酸素によるメタン燃焼器，メタン製造装置とメタン燃焼器をつなぎメタンと二酸化炭素を

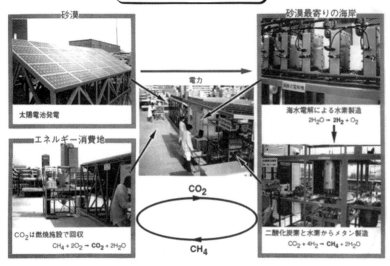

CO₂リサイクルシステム

砂漠
太陽電池発電

エネルギー消費地
CO₂は燃焼施設で回収
$CH_4 + 2O_2 \rightarrow CO_2 + 2H_2O$

電力

CO_2
CH_4

砂漠最寄りの海岸
海水電解による水素製造
$2H_2O \rightarrow 2H_2 + O_2$

二酸化炭素と水素からメタン製造
$CO_2 + 4H_2 \rightarrow CH_4 + 2H_2O$

東北大学金属材料研究所　1996

図11.1　1996年東北大学金属材料研究所屋上に設置したグローバル二酸化炭素リサイクル実証プラント [1]

運ぶ二重の配管からなる世界最初の Power To Gas プラントです。

　このプラントの建造は画期的な結果をもたらしました。このプラントはエネルギー消費者が遠方の太陽エネルギーを今使っている燃料である天然ガスと同じメタンの形で，大気に二酸化炭素を排出することなしに使うことができることを実証しました。さらに，水の電気分解で水素を造るときに出てくる酸素を二酸化炭素で薄めて，メタンと混ぜて燃やすと，排気ガスは窒素を含まないので，二酸化炭素を窒素から分離することなしに，自動的に回収できることを示しました。したがって，電気分解プラントと二酸化炭素メタン化プラントが、合成天然ガス発電機に併設されれば，電力が再生可能エネルギーから得られる限り，二酸化炭素と水は外部から原料として供給することなしにリサイクルされます。このようにして，合成天然ガス発電機から得られる安定な電力は，その時その時の再生可能エネルギーから得られる電力の不足分を補い，再生

可能エネルギーからの電力の断続変動を平滑にすることを可能にします。この詳細は第14章に記します。

11.2　パイロットプラント

2003年には，図11.2 [2] に示すように，海水の電気分解装置と反応器二段の二酸化炭素のメタン化装置をつなぎ1時間に1Nm³のメタンを造る産業規模のパイロットプラントを東北工業大学に設置することができました。

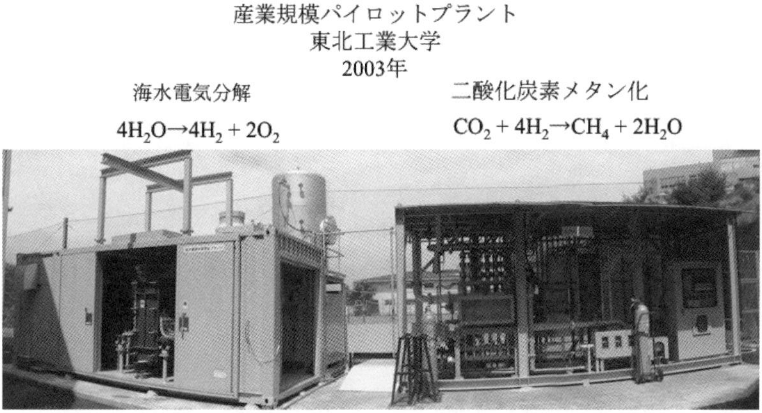

産業規模パイロットプラント
東北工業大学
2003年

海水電気分解
$4H_2O \rightarrow 4H_2 + 2O_2$

二酸化炭素メタン化
$CO_2 + 4H_2 \rightarrow CH_4 + 2H_2O$

図11.2　2003年東北工業大学に設置した海水の電気分解と二酸化炭素のメタン化からなる産業規模のパイロットプラント [2]，許可を得て転載，Copyright 1993, The Electrochemical Society.

パイロットプラント設置後，多くの大学，研究所，産業が共同して，水の電気分解と二酸化炭素のメタン化を風力発電機とつなぐ研究を行いました。日本では風力発電に適する場所は限られていますが，洋上風力発電をするには海は深く，台風にも遭います。そこで，帆掛け筏に，風力発電機と水の電気分解と二酸化炭素のメタン化装置を設け，メタンを陸に届けることを考えました。帆走によって，風況のよいところを探して動き，台風からは退避するということです。

シミュレーションの結果，図11.3のように，有効な風力発電には、長さ1,880m幅70mの筏に5MWの風力発電機を一列に11基並べ，4すみに帆を張ることによって，日本近海で発電効率42.6%を実現し，台風を回避できることが判明しました。

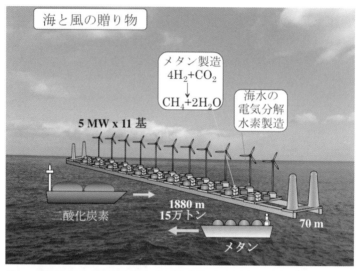

図11.3　帆掛け筏の上で行う風力発電，水の電気分解による水素製造，二酸化炭素のメタン化

11.3　日本の企業の主導で産業プラントの共同開発

　私達の再生可能エネルギーからのメタン製造は，技術的には可能となりました。しかし，産業化の進行は速くはありませんでした。天然ガスはガス井から得られる一次エネルギーです。これに対し，私達のメタンは，再生可能エネルギーから電力，水素を経る4次エネルギーです。私達のメタンが天然ガスと価格競争をするのは困難でした。このため，基礎研究に比べて，技術開発はゆっくりでした。しかし，2011年3月11日の地震と津波による東日本大震災の2ヶ月後に，一緒に研究開発を行って来た仲間で，企業の開発担当の執行役員に，外国の石油天然ガス会社

から接触がありました。「天然ガスの井戸から出るのは，メタンと二酸化炭素の混合ガスです。極端な場合には4分の3が二酸化炭素で，4分の1がメタンです。天然ガスの精製は二酸化炭素を大気に排出して行います。しかし，現在，特にヨーロッパでは，地球温暖化を防止するために，化石燃料を燃やす代わりに再生可能エネルギーを使うようになって来ました。化石燃料の精製のために，二酸化炭素を大気に排出することが許されなくなって来たと感じています。私達は世界中を探しましたが，再生可能エネルギーを用いて，天然ガス井から出る二酸化炭素をメタンに変える技術を持っているのはあなた方しかいないことがわかりました。あなた方の技術は，今すぐに世界中が必ず使わなければならない技術です。あなた方の技術の産業化を共同して行いましょう」というものでした。

　それ以来、私達の技術の産業化は，私達の仲間の熊谷直和博士を中心に日本の企業が主導して国内外の企業の協力した努力で大きく前進し，プラントが製造されています。これは，再生可能エネルギーで化石燃料や原子力エネルギーを全て置き換えるための鍵となる技術の一つです。私達の仲間の努力は，世界から感謝され賞賛されることでしょう。

　特に，地球温暖化を阻止しようとするヨーロッパの人々の高い見識が私達を強く後押ししてくれています。

文献

[1]　橋本功二，秋山英二，幅崎浩樹，川嶋朝日，嶋村和郎，小森充，熊谷直和：グローバルCO_2リサイクル，材料と環境，Vol. 45, pp.614-620（1996）

[2]　K. Hashimoto, N. Kumagai, K. Izumiya, H. Takano, Z. Kato, The use of renewable energy in the form of methane via electrolytic hydrogen generation, ECS Trans., Vol. 41, No 9, pp.1-14（2012）

第12章　明るい未来

　ヨーロッパの人々は，1980年代の早い時期から地球温暖化を防止するために，再生可能エネルギーを使う努力を行ってきています。ドイツは1991年に電力供給法を決めて，世界で最初の再生可能エネルギーから得られる電力の固定価格買取制度を始めました。2010年からは，"Energiewende"という言わばエネルギー大転換を始めました。ドイツは2050年までに発電は全て再生可能エネルギーから行うことにして，二酸化炭素排出を80%減らすことにしています。断続変動する再生可能エネルギーからのみ発電すると，余剰電力を蓄えておいて，不足分を補ったり断続変動を抑えたりする必要があります。長時間蓄えるには，余剰電力を合成天然ガスであるメタンに変える私達の技術と，天然ガス発電所でメタンを焚いて再発電で安定な電力を造り出すことが有効で便利です。現在の火力発電や原子力発電ではエネルギーの60%以上が温排水の形で捨てられています。再生可能エネルギーからの発電には，発電のときにエネルギー損失はありません。輸送の分野では，エネルギー効率が15%以下のガソリン車やディーゼル車を電気自動車と外部充電型のプラグインハイブリッド車に変えます。再生可能エネルギーからの電力を用い二酸化炭素を排出しない電気自動車のエネルギー効率は，走行と充電を含めて約70%です。業務や市民生活の分野でも，新築の建造物へのエネルギー供給をほぼゼロにする手立てや，建物の改造などを行い，全体でエネルギー消費をほとんど半分にします。ドイツで"Energiewende"が成功すると，世界が化石燃料や原子力エネルギーに依存するのをやめて，ドイツの成功に従わざるを得なくなるでしょう。

　　キーワード：ヨーロッパの努力，再生可能エネルギー使用，エネルギー
　　　　　　　　変換損失ゼロ，高効率電気自動車，エネルギー供給ゼロ
　　　　　　　　建造物

12.1　ヨーロッパの人々の努力

　ヨーロッパの人々は，1980年代の早い時期から，地球温暖化を防止するために，二酸化炭素排出を減らす努力を行って来ています。EU再生可能エネルギー指令2009/28/EC［1］によれば，2020年迄にEUは，温室効果ガスの排出を最低でも20％減らし，エネルギー消費の最低でも20％を再生可能エネルギーとし，20％以上省エネルギーをすることを決めています。また，全てのEU諸国は，輸送部門で10％は再生可能エネルギーにしなければならないことになっています。

　さらにEUは建造物のエネルギー性能に関するヨーロッパ議会および理事会指令2010/31/EU［2］で，構成国は2020年12月31日迄に全ての新築建造物はほぼエネルギーゼロのビルディングとし，これに加えて，政府機関あるいは政府が所有する新築建造物は2018年12月31日迄に全てほぼエネルギーゼロのビルディングとすることを決めています。

　ドイツは，化石燃料消費を再生可能エネルギー利用に変える"Energiewende"を2010年から始めました。それによって2050年には電力は100％再生可能エネルギーからとすることで二酸化炭素排出を80％削減することを決めています。ドイツはまた，福島の原子力発電所事故から原子力発電は最も危険な発電法であることが明らかになったとして，2022年迄に段階的に原子力発電を終わりにすることを決めています。ドイツは再生可能エネルギーからの電力を一定価格で買い取る義務を決めた電力供給法"Stromeinspeisungsgesetz"を1991年から施行している例からも明らかなように，再生可能エネルギー利用の研究開発の長い歴史を持っています。

　図12.1［3］のように，ドイツの再生可能エネルギー利用は確実に進み，特に，"Energiewende"の開始以降再生可能エネルギー利用の速度を増して進んでいます。2017年には再生可能エネルギーからの電力は全消費電力の36％に達しています。ドイツに限らず，ヨーロッパでは，再生可能エネルギー利用が進んでいます。イギリスのビジネス・エネルギー・

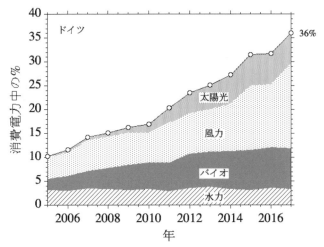

図12.1　ドイツにおける全消費電力量中の再生可能エネルギーから得られた電力の割合 [3]

産業戦略省は，総発電量のうち再生可能エネルギーからの電力の比率が，2016年第2四半期に25.4%であったものが，2017年第1四半期に26.9%と上昇し，2017年第2四半期には，29.8%に達したことを発表して，再生可能エネルギー利用が着々と進んでいることを報じています。

12.2　100%再生可能エネルギー源都市

ドイツでは，再生可能エネルギー100%を実現するために，再生可能エネルギー100%を実現した地域と再生可能エネルギー100%を目標にした準備地域の代表が集まり，100%再生可能エネルギー地域会議を繰り返し開催し，智慧を出し合っています。再生可能エネルギー100%を目指す地域は世界に沢山あることがGO100% Renewable Energy [4] というサイトに報じられています。既に100%再生可能エネルギーを実現している所も沢山ありますが，ミュンヘンの例は，これからのあり方の一つを示唆しているように見えます [5]。人口150万人の都市ミュンヘンは，2025年までに，再生可能エネルギーで全てのエネルギー需要を満たす

ことを目標にしています。市が所有する電力公社 Stadtwerke München は，再生可能エネルギーの利用を促進するためには，ヨーロッパ全体が再生可能エネルギーからの電力の1つの入れ物と考えて，ドイツの大手電力会社が建造した北海風力発電所施設の半分近くや北ウエールズの風力発電所施設を所有するなど，国内外に風力，太陽光，太陽熱，水力，地熱，バイオマスによる発電設備を所有し，ヨーロッパ各地に電力を供給しています。結果として，ミュンヘンに電力を供給し，2015年4月には市内の家庭，地下鉄，路面電車に電力を供給していると伝えられています。

　フランクフルトは，100%再生可能エネルギー準備地域ですが，2050年までに100%再生可能エネルギー達成を目標に，グリーン シティー フランクフルトの取り組みを行っています[6]。省エネルギー・エネルギー効率向上・コージェネレーション・地域熱利用を行うシナリオは

50%　省エネルギーとエネルギー効率化で需要削減
25%　屋根の太陽光，廃バイオマスエネルギー利用
25%　地域外からの主として風力発電の電力の移入

です。エネルギー貯蔵には再生可能エネルギーによる水素，メタン，地域や家庭の蓄電池を使うというものです。エネルギーの無駄遣いの排除では，グリーンビルディング賞を設け，持続可能で美しくエネルギー効率の良い建築物を表彰します。モデルプロジェクトでは，歴史的建造物の改修で，前面の外観を維持し，裏側から断熱，換気，熱回収に改修し，年間のエネルギー消費を 200 kWh/m² から 50 kWh/m² に下げました。オフィスビルの効率化として，一次エネルギーで 100-150 kWh/m² 以下を目標にした結果，フランクフルトの最大の銀行各社が最もエネルギー効率の良い建物に認定され，オフィスビルの10%がグリーン建築と認定されました。地域の節電には，家庭・企業・団体に，10%削減で20ユーロ，追加 kWh ごとに10セントの補助金が出ます。コージェネレイションでは，風力・太陽光発電の変動に対応する発電施設を含めて，全ての

発電施設で廃熱を利用して30%省エネルギーを行います。

　このように90%以上の国民が"Energiewende"を支持していると言われるドイツらしく，ほとんど全ての市民が，このような取り組みに参加していることが，うかがえます。

　日本では2011年3月11日に震災だけでなく原子力発電所の事故で大変な被害を受けた福島県だけが，化石燃料と原子力に頼らない再生可能エネルギー100%を2040年までに実現することを2012年に決めました。2018年度の目標を30%としていましたが，2017年度に既に30.3%を達成しているそうです。震災復興，エネルギー自立，原子力発電所事故の風評被害によって不振な一次産品に代わるものなど福島独特の観点も加わって，再生可能エネルギー利用が進んでいます。

　ドイツでは，再生可能エネルギーからの最大出力は2015年8月23日午後1時には，国内消費の84.1%，全発電量の65.4%に達し，2017年4月30日12時には，再生可能エネルギーからの電力が，全発電量の77.6%を占めています。

　このことは，再生可能エネルギーからの電力が，全発電量の70%を越えても，断続変動することを心配せずに電力を使えるということを示しています。

　多くの国々がドイツから電力を輸入しています。それでも，原子力，石炭，褐炭発電は停止と再稼働が困難なため，電力需要に関係なく，発電し続けなければなりません。このため，これら従来の発電所は奨励金を付けてでも電力を使ってもらわなければなりません。そこで，マイナスの価格"negative price"という言葉が使われ始めています。例えば，二酸化炭素のメタン化のための水の電気分解による水素の製造は，電力料金が1kWh当たり2ユーロセント以下の時だけ行っていると言われています。

　天然ガス発電は，中断と再稼働が容易という特徴があります。したがって，原子力，石炭，褐炭発電は私達のメタンを使う合成天然ガス発電に取って代わられるでしょう。ドイツは産業活動が最も進んだ国の

一つです。それにもかかわらず，ドイツは産業構造や市民生活を変えてでも，再生可能エネルギーだけから発電することを実現するために"Energiewende"を実行しています。

再生可能エネルギー利用，エネルギー有効利用，省エネルギーのための"Energiewende"から私達は，沢山のことを学ぶことができます。またこれは，再生可能エネルギーだけで持続的発展を続ける将来の世界を視覚化してくれます。

12.3 再生可能エネルギーからの余剰電力を蓄える

再生可能エネルギーだけで生き残り持続的発展をするには，再生可能エネルギーから全エネルギーを発電する必要があります。再生可能エネルギーからの電力を直接使うのが最も効率的です。しかし，再生可能エネルギーから造られる断続変動する電力だけで，刻々変わる需要に応じることはできません。刻々変わる需要に応じるためには，発電量の不足を補い，電力の断続変動を抑えるために，余剰の断続変動する電力をあらかじめ蓄える必要があります。

図12.2 [7] は，"Energiewende"を達成するために必要な貯蔵電力からの電力供給必要量を示しています。数時間から一日程度の短時間貯蔵をして供給する電力は，蓄電池，揚水発電，圧縮空気，その他のような今ある技術を使うことができます。しかし，数週間から数ヶ月の間大量に電力を貯蔵することが必要です。需要と発電量の季節による変動を考えると，半年程度の貯蔵が必要と思われます。今使われている燃料の形の貯蔵が一番便利です。これにも再発電のために，発電効率を考慮した必要量の燃料を造って蓄える必要があります。最も便利なのは，再生可能エネルギーをメタンに変えるという私達の技術です。私達のメタンを用いる合成天然ガスを再発電に使うと，発電の中断と再稼働が容易です。現在でも電力会社は，液化天然ガス発電を毎日の出力調整に用いて停止と再稼働を適宜行い，主として昼間は稼働し，夜は停止していると伝え

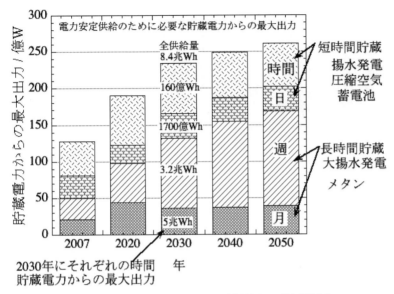

図12.2　"Energiewende"の達成に必要な貯蔵電力からの電力供給 [7]

ています。余剰電力をメタンとして蓄えれば，このように，中断と再稼働が容易な既存の天然ガス発電装置で，メタン燃焼による再発電を行い，温排水も利用するコージェネレーションとつないで行うことができます。

12.4　エネルギーの有効利用と省エネルギー

これに加えて，"Energiewende"では，図12.3 [8] に示すように，エネルギー消費とエネルギー損失の全量を大量に減らすことができると言っています。

特に，火力発電や原子力発電のようなエネルギー変換の時の多量のエネルギー損失を減らすことができます。石炭を燃料とする火力発電のエネルギー効率は一般に40％ですし，原子力発電の効率は35％以下です。60％以上の燃焼エネルギーが温排水の形で海や川に捨てられてい

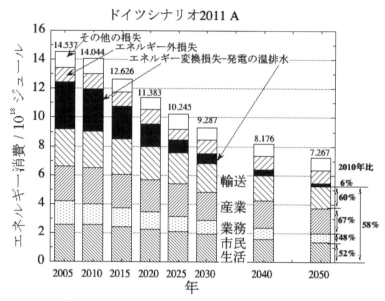

図12.3　"Energiewende"の達成に必要なエネエルギー消費量削減 [8]

ます。エネルギー変換の時のエネルギー損失をなくすには，石炭，褐炭，原子力発電を再生可能エネルギーからの発電に転換することです。再生可能エネルギーからの発電は、エネルギー変換にエネルギー損失を伴いませんし，二酸化炭素も排出しません。しかし，例え，一次エネルギーが再生可能エネルギーだけであっても，再生可能エネルギーからの電力のその時その時の不足分を補ったり，再生可能エネルギーから造られる電力の断続変動を平滑にするために，合成天然ガスによる再発電の安定な電力で補うことが必要です。と言っても，合成天然ガスの発電のエネルギー効率は，50%に過ぎません。このため"Energiewende"は電力と熱を合わせて使うコージェネレーションを求めています。熱はいろいろな目的に使えます。"Energiewende"では, 2010年当時の高いエネルギー変換損失が，再生可能エネルギーからの発電とコージェネレーションによって図12.3に記載されているように, 2010年当時の値の6%に減らされます。

　図12.3に見られるように，業務と市民生活でのエネルギー消費量は，全エネルギー消費量の40％を超えています。その中身を見るとドイツでは90％以上が暖房と給湯に費やされているそうです。"Energiewende"では，新建造物をエネルギーゼロにするだけではなく，補助金を出しても既存の建物を改造して，断熱材，二重窓，LED照明などで，エネルギー消費最低を実現するように勧めています。

　輸送の分野での省エネルギーは，ガソリン車やディーゼル車から，再生可能エネルギーからの電力を使う電気自動車と外部充電式のプラグインハイブリッド車に変えることで進められます。例えば，ガソリン車やディーゼル車のエネルギー効率は15％以下ですが，電気自動車は二酸化炭素を排出しない上に，エネルギー効率は走行と充電を含めてほぼ70％ですから。ドイツ連邦議会は既に2016年10月に2030年までに内燃機関で動く車（ガソリン・ディーゼル車）の禁止の決議を採択しています。超党派で決めたそうです。これについては，デンマーク政府も，2018年10月2日内燃機関の車の販売を2030年までに禁止し，ハイブリッド車も2035年までに順次廃止すると発表しています［9］。

　このようにして，二酸化炭素排出の削減を目指して，輸送，産業，業務，市民生活の全ての分野で，省エネルギーを進め，図12.3のように，2050年の全エネルギー消費量は2010年の58％に下がるということです。

　これらの努力や目標から分かるように，100％再生可能エネルギー源を目指すヨーロッパの人々の多くは，省エネルギーとエネルギー効率の向上とコージェネレーションによって，エネルギー需要自体をほとんど半分に減らすことができると考えています。

12.5　電気自動車の採用とガソリン車ディーゼル車の禁止

　ドイツとデンマークについては先に書きましたが，二酸化炭素排出削減の観点から，表12.1のようにいろいろな国々や都市が2040年までにガソリン車やディーゼル車の禁止を決めています［10］。

表12.1　2040年までにガソリン車とディーゼル車の禁止を決めている国と都市 [10]

		以下の車のみ販売	
ノルウェー*	2030年から	電気自動車	ハイブリッド車
オランダ	2025年から	電気自動車	
インド	2030年から	電気自動車	ハイブリッド車
		販売禁止車	
イギリス	2040年から	ガソリン車	ディーゼル車
オクスフォード	2020年から段階的	ガソリン車	ディーゼル車
スコットランド	2032年から段階的	ガソリン車	ディーゼル車
フランス**	2040年までに	ガソリン車	ディーゼル車
		順 次 廃 止	
パリ	2030年から	ガソリン車	ディーゼル車
		禁　　　　止	
バルセロナ	2030年までに	ガソリン車	ディーゼル車
コペンハーゲン	2030年までに	ガソリン車	ディーゼル車
バンクーバー	2030年までに	ガソリン車	ディーゼル車

ハイブリッド車は外部充電式プラグインハイブリッド車
*　　電気自動車とハイブリッド車のシェアーは2016年に既に28%
**　2050年までに排出した二酸化炭素分だけ有機燃料を造るカーボンニュートラルを目指す。

　まず，電動機を搭載しない車が生産されなくなり，最終的には電気自動車のみで，外部充電式ハイブリッド車も順次禁止の方向に進んでいる国が多いようです。また，ヨーロッパでは，電気自動車普及のために，購入時の税軽減や補助金，道路税負担の軽減，有料道路料金や駐車料金の軽減などの優遇処置が取られている国もあるようです。

　ドイツの "Energiewende" が着々と進行していますが，成功が見えてくると，世界中が化石燃料燃焼や原子力発電依存をやめ，ドイツに追随することになるでしょう。

文献

［1］　DIRECTIVE 2009/28/EC OF THE EUROPEAN PARLIAMENT AND OF THE COUNCIL of 23 April 2009 on the promotion of the use of energy from renewable sources and amending and subsequently repealing Directives 2001/77/E and 2003/30/EC

［2］　DIRECTIVE 2010/31/EU OF THE EUROPEAN PARLIAMENT

AND OF THE COUNCIL of 19 May 2010 on the energy performance of
buildings
［3］ Renewable Energy Sources of Figures, National and International
Development, 2017, Federal Ministry of Economic Affairs and Energy
［4］ GO100% Renewable Energy,
http://www.go100percent.org/cms/index.php?id=19
［5］ 滝川薫：ドイツミュンヘン都市公社が全世帯の電力消費量を再エネで
生産2015年8月15日
http://blog.livedoor.jp/eunetwork/archives/45081962.html.
［6］ Werner Neumann：Green City Frankfurt,
http://www.foejapan.org/climate/doc/img/131028_WernerNeumann.pdf
［7］ White Paper of Electrical Energy Storage, by International Electrotechnical
Commission 2011, http://www.iec.ch/whitepaper/pdf/iecWP-energystorage-
LR-en.pdf
［8］ Long-term scenarios and strategies for the deployment of renewable energies
in Germany in view of European and global developments, Summary of the
final report, BMU - FKZ 03MAP146, 31 March 2012
http://www.dlr.de/dlr/Portaldata/1/Resources/documents/2012_1/
leitstudie2011_kurz_en_bf.pdf
［9］ gigazine.net/news/20181005-denmark-ban-petrol-diesel/
［10］ These countries are banning gas-powered vehicles by 2040,
https://www.businessinsider.com/countries-banning-gas-cars-2017-10

第13章　燃料としての水素

　水素は燃やしても水だけを生じるという魅力があります。しかし貯蔵，輸送，燃焼について世界に普及している技術はありません。水素燃料電池自動車だけが，唯一水素燃料利用の可能性がありました。水素燃料電池車の電極触媒は白金ですから，資源に制限があります。世界と自動車産業は，二酸化炭素を排出せずに二次エネルギーの電力を使う電気自動車に進んでいます。電気自動車のエネルギー効率は三次エネルギーである水素を使う水素燃料電池自動車より，はるかに高効率です。有効な応用が見つからないと，水素は直接燃料として使う主要な燃料にはなり得ません。

　　キーワード：三次エネルギーの燃料電池自動車，二次エネルギーの電
　　　　　　　　気自動車，エネルギー効率

13.1　水素燃料電池車を普及する資源は不足

　水素は清浄な燃料としての魅力から，石炭火力発電で大量の二酸化炭素を排出してでも，できる電力を使って水を電気分解して水素を製造したり，あるいは石炭や亜炭を水蒸気改質して大量に二酸化炭素を排出してでも水素を製造して，水素ステーションの建設と併せて，水素を使いたいと望む人までいますし，これ迄多額のお金が開発に使われてきました。

　しかし，水素を使うことは困難です。先に述べましたように，水素の貯蔵，輸送，燃焼のために広く普及している技術はありません。これまで，燃料としての水素の主要な使い途と考えられて来たのは，唯一，水素燃料電池自動車です。水素燃料電池車は水素を酸化し，酸素を還元して水ができる時の電気を使います。この水素燃料電池車での水素の酸化

と酸素の還元は，燃料電池の電極表面の白金原子の上で起こります。小型，中型，大型車に必要な白金は，それぞれ約32 g, 69 g, 150 gと言われています [1]。

　世界の白金資源量は5万6,000トンから6万トンと推定されています。2015年，2016年，2017年に世界で産出された白金は，それぞれ190トン，189トン，185トンでした。2016年末の世界の4輪車の総数は13億2,400万台でした。2017年に世界で生産された4輪車の総数は9,730万台でした。これらの自動車のかなりの割合を水素燃料電池車で置き換えられるなら成功です。しかし，納得できる数の水素燃料電池自動車を生産することは不可能です。

　水素燃料電池車の製造に年間白金産出量の10％に当たる18トンの白金を使うことは到底不可能です。しかし，例えこれが許されたとしても，1台で30 gの白金を使う車は60万台しか造れません。これは，2017年に世界で生産された4輪車の総数約1億台の0.6％にすぎません。例え，1年間に産出される白金を全て水素燃料電池車の製造に使うことが許されても，世界の4輪車の総生産台数のわずかに6％にしかなりません。このことは，燃料電池車が白金を必要とする限り，普及は不可能であることを示しています。現在，水素燃料電池自動車をセールスポイントにしている自動車会社はありません。したがって，世界に普及できる新しい水素燃焼システムが見つからなければ，水素は主要な燃料とはなり得ません。

　どんな種類の貴金属や希少元素であろうと，基礎研究に使うのは許されますが，もし新しい技術が大量の貴金属や希少元素を必要とする場合は，貴金属や希少元素を大量にある安価な元素で置き換えることができなければ，工業的な開発をしてはならないということです。

13.2　世界は三次エネルギーの水素燃料より二次エネルギーの電気自動車に進んでいる

　何よりも，世界のほとんどの国々がこれからの自動車は電気自動車と

見ていますので，世界の自動車産業は，今，電気自動車の開発に移って
います。電気自動車は充電を含めたエネルギー効率が70％で，二酸化
炭素を排出しません。電気自動車の電力は，再生可能エネルギーから
得られる電力という二次エネルギーです。水素燃料電池車は，二次エネ
ルギーの電気を使って電気分解で造る三次エネルギーの水素を使い，発
電の効率だけでも30-40％ですから，二酸化炭素を出さないと言っても，
二次エネルギーを使い二酸化炭素を出さない高効率の電気自動車に比べ
られる利点や魅力は全くありません。

　水素は燃やせば水しか生じないという魅力がありますが，この魅力的
な性質を生かして水素の燃焼エネルギーを活用する有効な技術が現在は
ありません。水素燃料電池のために白金に替わる電極触媒の研究は特に
日本で盛んでした。しかし，世界は再生可能エネルギーだけで生きて行
く以外にありませんので，主要なエネルギーは再生可能エネルギーから
造られる二次エネルギーである電力です。電力利用は二酸化炭素を排出
しませんので，電力をさらに水素という三次エネルギーに変えてまで水
素を燃料として直接利用する技術は魅力がなく，マイナーなものになら
ざるを得ません。用途の見えない水素自体を燃料とする技術の開発は，
産業にもそこで働く人々にも不必要な重荷でしょう。メージャーな用途
を期待して，水素の貯蔵，輸送，使用の研究開発にお金をかけたり，優
秀な科学者技術者を動員するのはもったいないことです。

　実現しない主題を追求するのではなく，再生可能エネルギーだけで，
持続的発展を維持できる世界の実現に世界が協力して努力する必要があ
ります。

文献

［1］　宮田清藏：燃料電池用白金代替触媒の研究開発動向，NEDO海外レ
　　　ポート NO.1015, 2008.1.23.
　　　http://www.nedo.go.jp/content/100105282.pdf

第 14 章　地域での電力自給と外部への供給

　地域の電力自給システムの構築は重要で有効です。このシステムは再生可能エネルギーからの電力の直接利用と，余剰電力を合成天然ガスであるメタンの形で蓄えてメタンを燃料とする天然ガス発電所で安定で必要な電力を再発電すること，温排水を利用することからなります。余剰電力は水の電気分解に用いて水素と酸素を製造します。水素は，発電プラントから回収した二酸化炭素をメタンに転換するのに使います。メタンは再発電に使います。水の電気分解で得られた酸素は，空気中の酸素濃度まで発電プラントの排ガスの二酸化炭素で薄めて，発電プラントでのメタン燃焼に使います。発電プラントの温排水は地域で使います。このようなシステムでは，炭素は発電プラントとメタン製造プラントの間でリサイクルされます。水の電気分解で生じる純酸素を二酸化炭素で薄めてメタンの燃焼に大気の代わりに使うので，排気ガスは窒素を含まず，排気ガスの二酸化炭素の回収は容易に行うことができます。回収した二酸化炭素は，メタンの製造と，酸素の希釈に繰り返し使えます。外部に供給される過剰な電力は集めて，産業，運輸，その他に使われます。

　　キーワード：再生可能エネルギーからの発電，水の電気分解，二酸化炭素メタン化，メタンによる再発電，二酸化炭素による酸素の希釈，酸素によるメタン燃焼，温排水利用，産業，運輸などへの電力供給

14.1　原料をリサイクルする再生可能エネルギー利用

　再生可能エネルギーは，図14.1に示すように，限られた地域で使う努力をすると特に有効です。

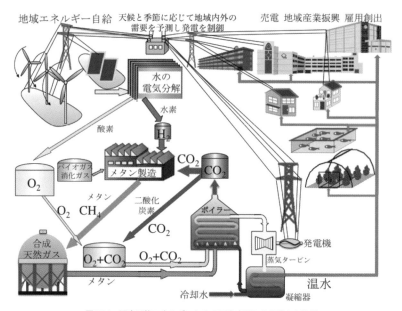

地域エネルギー自給　天候と季節に応じて地域内外の　　売電　地域産業振興　雇用創出
　　　　　　　　　　需要を予測し発電を制御

図14.1　再生可能エネルギーからの電力自給による豊かな地域

　再生可能エネルギーを使うために，地域の発電施設の他，ほとんどの
建物や家屋に発電装置を備えます。EUは，公共の新築建造物は2018年
12月31日までに，そして 全ての新築建造物も2020年12月31日までに
は外部からのエネルギー供給ほぼゼロを決めています。日本では公共の
建物の建造に当りエネルギー供給ほぼゼロを話題にしたことさえ聞いて
いませんが，EUではそうすることが決まっています。再生可能エネル
ギーから造られる電力はまずそのまま使うのが，もっとも効率が良いの
は当然です。安定した電力利用のために，再生可能エネルギーから造ら
れるできるだけ沢山の余剰の電力を水の電気分解に使って水素と酸素を
生産します。生産した水素は，合成天然ガス発電プラントで捕捉した二
酸化炭素と反応させて合成天然ガスであるメタンを生産します。

　合成天然ガスは，通常の天然ガス発電プラントで，安定な電力の再発
電に用います。合成天然ガス発電プラントでのメタンの燃焼には，普通

の空気ではなく，水の電気分解で造った酸素を，回収した二酸化炭素で薄めて使います。(メタンと酸素の混合ガスは爆鳴気ですし，普通の燃焼施設で燃やすには，燃焼温度が高すぎます。)

このシステムの化学反応は以下のようです。:

水の電気分解
$$4H_2O \rightarrow 4H_2 + 2O_2 \tag{14.1}$$
メタン生成
$$4H_2 + CO_2 \rightarrow CH_4 + 2H_2O \tag{14.2}$$
メタン燃焼による発電
$$CH_4 + 2O_2 \rightarrow CO_2 + 2H_2O \tag{14.3}$$

反応 (14.2) で生じるメタンの量は反応 (14.1) で生じる水素の量の4分の1です。この量のメタンの燃焼反応(14.3)に必要な酸素は，反応(14.1)で生じる酸素と同じ量です。反応(14.2)でメタンを生じるのに必要な二酸化炭素量は，反応 (14.3) のメタン燃焼で生じる二酸化炭素量と同じです。したがって、このシステムでは，電力が再生可能エネルギーから得られさえすれば，原料を添加することなしに，炭素と水は循環します。もっとも，水のリサイクルは多くの場所では必要でないことでしょう。

14.2　容易な二酸化炭素回収

これに対し，メタン燃焼に空気を使う場合は，式(14.4)に示すように，排気ガスを冷やして水を除いても，排気ガスは二酸化炭素と窒素との混合ガスです。その上，空気を燃料の燃焼に使うと，窒素酸化物も生じます(14.5)。排気ガス中に窒素は二酸化炭素の8倍あります。

$$CH_4 + 2O_2 + 8N_2 \rightarrow CO_2 + 8N_2 + 2H_2O \tag{14.4}$$
$$O_2 + N_2 \rightarrow NO + NO_2 \tag{14.5}$$

排気ガスから窒素を分離して二酸化炭素を回収するのは容易ではありません。

　これに対し，酸素を回収した二酸化炭素で薄めると，(14.6) のように，通常の天然ガス発電プラントでメタンの燃焼に用いることができます。

$$CH_4 + 2O_2 + 8CO_2 \rightarrow 9CO_2 + 2H_2O \tag{14.6}$$

　燃焼後の排気ガスは窒素を含んでいませんから，排気ガスを冷やして水を除き，二酸化炭素を回収するのはきわめて容易です。回収した二酸化炭素の9分の1はメタン再生のためメタン化プラントに送られ，回収した二酸化炭素の9分の8は酸素の希釈に再び使われます。もっとも，図11.1に示した私達の実証プラントでは，二酸化炭素を満たした釜の中で，燃焼しているメタンの近くに，メタンの燃焼に必要な (14.3) 式に相当する化学当量の酸素を送り込むだけで十分でした。漏洩して失われた程度の二酸化炭素はバイオガスなどで補えるでしょう。通常の天然ガス発電プラントでは，稼働の中断と再稼働は容易です。

14.3　全国の電力供給は地域から

　この地域では，季節や天気予報を考慮し，地域と外部の電力需要を考慮して，再生可能エネルギーからの発電は制御せず，合成天然ガスによる発電量を決めるなどの日々あるいは時間ごとの制御が発電協同組合の重要な仕事となるでしょう。このようにして各地から外部へ供給される電力は集められて，産業や交通や都市の電力需要を満たすことになるでしょう。

14.4　電力と温熱利用で豊かな地域

　さらに，燃焼エネルギーの約50%のエネルギー効率の合成天然ガス発電に加えて，温排水中に残る50%のエネルギーを農業，養殖，牧畜，

家屋やビルディングの暖房などに用います。この地域では，いろいろな新しい仕事が生まれ，生産される富は地域内に留まり，過剰な部分は外部に販売されます。この地域は豊かな地域となるでしょう。

14.5　バイオマス

　図12.1に見られるように，ドイツでは再生可能エネルギーによる電力の中でバイオマス起源の電力が風力に次いで大きく，再生可能エネルギーの電力の約4分の1を占めています。先に12.2で述べましたように，ドイツの第5の都市，人口75万人のフランクフルトでは，2050年までに100%再生可能エネルギーを目指し，グリーンシティ フランクフルトに取り組んでいます。省エネルギーとエネルギー効率化で需要を50%削減することにしていますが，エネルギー生産については，半分は地域外から風力発電の電力を移入し，地域で残りの半分を太陽光と廃バイオマスエネルギーでとしています。ドイツでは，エネルギー作物と呼んでトウモロコシを主に小麦なども加えてバイオマスエネルギーが作られていますので，図12.1のバイオマスには，エネルギー作物起源のものもかなり含まれていると思われます。しかしドイツは国土の80%以上が農地で，EU内で豚肉は第一位，牛肉はフランスに次いで第二位の畜産国です。廃バイオマスエネルギーは，畜産廃棄物の糞尿，敷き藁，植物の屑や食品廃棄物と思われます。地方の農家では，バイオガスプラントを稼働させ，地域熱供給網と組み合わせるのが一般的なようです。世界の人口増加を考えると，畑作物は，人の食べ物かせいぜい飼料で，エネルギーに変えるのは将来は無理があるように思われます。北海道では畜産廃棄物のバイオマスエネルギープラントがかなり稼働していると報じられています。畜産が，肉やミルクだけでなく，電力も熱も供給するのは楽しみなことです。

　ヨーロッパの人々が志向しているように，省エネルギーとエネルギー効率化で需要自体を半分位にできると，再生可能エネルギー源100%も

困難ではなく，再生可能エネルギー源100%を目指して，手近のどのような再生可能エネルギー源利用も育って欲しいと思います。

第 15 章　過渡期の二酸化炭素排出大量削減

　十分な電力供給という理由で，石炭火力発電がまだ廃止できない場合には，石炭火力発電の排ガスの二酸化炭素をメタン化して燃焼させる合成天然ガス発電と組み合わせることによって，1kWh当りの二酸化炭素の排出量を石炭火力発電単独と比べて70%以上減らすことが出来ます。

　キーワード：石炭火力発電と合成天然ガス発電との組み合わせ，
　　　　　　　70%以上二酸化炭素排出量削減

　二酸化炭素の排出をやめ，再生可能エネルギーを用いて安定な電力の形で，十分に定常的なエネルギーを供給することが，持続的発展を維持する最終的な姿です。風力や太陽光を原料とする場合には，得られる電力の断続変動は避けられません。再生可能エネルギーから得られる余剰電力を蓄えて，再生可能エネルギーから直接得られる電力の断続変動による不足分を補って定常的な電力として十分に供給することによって，持続的発展が出来ます。

　私達の二酸化炭素リサイクルは，再生可能エネルギーからの余剰電力を天然ガスと同じメタンの形で蓄え，稼働・停止が容易な合成天然ガス発電によって，必要量の定常的な電力を造り出して再生可能エネルギーから直接発電される電力の断続変動による不足分を補うものです。これは，離れた地域が協力して行うことも出来ます。

　しかし，過渡期には石炭火力発電の電力もなお必要と言われます。これについて，私達の仲間の熊谷直和博士達は，図15.1のように，石炭火力発電で排出される二酸化炭素を回収して，私達の技術でメタン化し，このメタンを使う合成天然ガス発電と組み合わせることによって，二酸化炭素排出量を70%以上減らすことが出来ると提案しています。

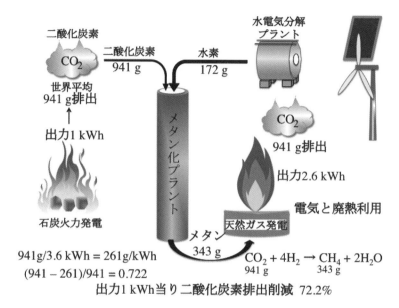

図15.1 過渡期に石炭火力発電を継続する場合，石炭火力発電から排出される二酸化炭素を回収，メタン化して，メタンを燃焼する合成天然ガス発電を併用することによって，二酸化炭素の排出を72.2％削減できる模式図

　石炭火力発電で1kWhの出力を得るには，世界平均で二酸化炭素を941g排出していると言われています[1]。二酸化炭素941gを回収して，再生可能エネルギーから造られる余剰電力を用いた水の電気分解で造られる水素と反応させると，343gのメタンが造られます。このメタンを合成天然ガス発電に使うと2.6kWhの電力が得られ，941gの二酸化炭素を最後に排出することになります。この場合は，二つの発電プラント合わせて3.6kWhの発電で，941gの二酸化炭素を排出しますので，1kWh当りの二酸化炭素排出量は261gです。石炭火力発電で1kWhの出力を得るのに941gの二酸化炭素を排出しているのに比べると，石炭火力発電と合成天然ガス発電の組み合わせでは1kWh当りで680g二酸化炭素排出量が削減でき，これは941gの二酸化炭素の72.2%を削減することになります。

　この場合，石炭火力発電は，停止や再稼働が容易ではありませんし，出力が増えたからと言って石炭火力発電を27.8％の低出力で稼働することはできませんから，一つの石炭火力発電プラントを合成天然ガス発電プラントと組み合わせる場合，組み合わせる石炭火力発電プラントの出力の72.2％の出力分の他の石炭火力発電プラントを廃止するということです。この合成天然ガス発電は，将来もずっと使えますので，電気だけでなく，廃熱も利用するコージェネレーションを始めることにします。

　将来，再生可能エネルギーの電力が十分になれば，石炭火力発電は不要になり廃止出来ます。残る合成天然ガス発電プラントは単独で稼働して，生じる二酸化炭素は排出しないでメタン化して繰り返し使われることによって安定な電力を造ることになります。これは，図14.1に示した最終的な姿の発電プラントの形になり，二酸化炭素はメタン化プラントと合成天然ガス発電プラントの間で循環され，メタン化プラントの副産物の水と合成天然ガス発電の排ガスから回収される水は，電気分解に繰り返し使われることになります。

　現在の火力発電の出力分を石炭火力発電と合成天然ガス発電の複合で賄うには，現在の火力発電プラントの72.2％を廃止して，残る27.8％の石炭火力発電プラントの全てに，石炭火力発電プラントの出力の2.6倍の出力の合成天然ガス発電プラントを組み合わせることになります。しかし，私達の石炭火力発電と合成天然ガス発電の複合で，現在の石炭火力発電の出力を全て賄おうとする必要はありません。私達の合成天然ガス発電はあくまでも，再生可能エネルギーから直接発電で生じる出力の断続変動を補い定常的な電力を供給するためのもので，補助的なものに過ぎません。石炭火力発電を続けるのは，再生可能エネルギーから得られる電力が不足するからで，石炭火力発電と合成天然ガス発電の複合に大量の資金を導入する余裕があれば，その資金の大部分を，再生可能エネルギーからの直接発電量を増大することに使い，石炭火力発電の廃止に向けるのが，将来を見通した電力事業の本道ということになります。

文献

［1］　火力発電に関わる昨今の状況，資源エネルギー庁資料, 2019 年 10 月 10 日

第 16 章　結論

　現在の大気中の二酸化炭素濃度と地球の気温の上昇速度は危険な状況になっています。大気中の二酸化炭素濃度は 2007 年以降毎年約 2.36 ppm の速度で増えています。地球の平均気温は，2007 年からの 10 年間で約 0.26℃上がりました。大気中の二酸化炭素濃度は産業革命前には約 280 ppm でしたが，2018 年現在，415 ppm に達しています。2007 年の二酸化炭素濃度は 350 万年前の水準になったと言われています。私達ホモ・サピエンスが現れたのは約 20 万年前に過ぎません。350 万年前には，大気中の二酸化炭素濃度は 360-400 ppm で，産業革命前と比べると地球の平均気温は 2-3℃高く，海面は 15-25 m 高かったと言われています。現在の大気中の二酸化炭素濃度と私達の惑星の燃料資源の見通しは，全世界が再生可能エネルギーだけで生き残り持続的発展を維持するように急いで変わることが必要なことを示しています。国連気候変動枠組条約第 3 回締約国会議 COP 3 で 1997 年に決められた京都議定書後の世界の歴史は，エネルギー消費と省エネルギーのための先進国の先進技術は，世界のエネルギー消費と二酸化炭素排出の削減には，全く無力であることを明らかにしました。

　これ以上の地球温暖化を阻止し，私達の惑星の燃料資源の枯渇を避けて，化石燃料を有効な有機材料として活用するためには，再生可能エネルギー利用，省エネルギー，エネルギー効率向上，電力と排熱を共に使うことで 2050 年までに二酸化炭素排出を 80 %下げることを目的とするドイツの"Energiewende"の努力に，全世界が学ばなければなりません。

　このようなエネルギー革命のためには，再生可能エネルギーからの余剰電力を蓄えるのに最も便利で容易に適応できる鍵となる技術は，排気ガスから回収する二酸化炭素と再生可能エネルギーからの余剰電力を用いて水の電気分解で得られる水素との反応で，合成天然ガス，メタンを

生成することです。私達は，再生可能エネルギーをメタンの形で使うために，おおよそ30年にわたり，この二酸化炭素リサイクルの研究開発を行って来ました。排気ガスから回収される二酸化炭素を原料として用い，再生可能エネルギーから造られる電力を用いる水の電気分解で得られる水素との反応でメタンは造られます。再生可能エネルギーからの合成天然ガス，メタンの製造と供給のための産業は，私達の仲間をリーダーに国内の企業の主導のもとに，国内外の企業が共同して進んでいます。

　再生可能エネルギーだけによる全世界の持続的発展のためには，再生可能エネルギーからの余剰電力を蓄えて，その時その時の再生可能エネルギーからの電力の不足分を補ったり，再生可能エネルギーからの電力の変動断続を平滑にしたりするのに，蓄えた電力を使わなければなりません。不足分を補ったり，変動を平滑にするための安定な電力の量は，必要に応じて，自由に変えられなければなりません。電力会社では，天然ガス発電機を昼間は稼動し夜は停止するなど，1日の出力の調整に現在使っています。私達の合成天然ガス，メタンは必要量の安定な電力を再発電するのに最良の燃料です。再生可能エネルギーからの変動断続する電力と私達の合成天然ガス，メタンを用いる安定な電力を組み合わせれば，再生可能エネルギーだけで，全世界が持続的発展をすることができます。

　私達の惑星には，使い切れない大量の再生可能エネルギー源があります。再生可能エネルギーを使う技術もあります。全世界が，地球温暖化を克服し，化石燃料枯渇を防止するために協力するならば，再生可能エネルギーを使う私達世界の技術によって，化石燃料に頼ることなく，またわずかな出力の原子力を使うことなしに，全世界が生き残ることができ，持続的発展を維持することができます。

　これ以上の二酸化炭素排出を控えても，これまでの大量の二酸化炭素排出の結果だけで，地球温暖化はさらに進むでしょう。どの国も最終目標は，化石燃料を燃やすことなく，必要なエネルギーは全て再生可能エネルギーで賄うということにしなければなりません。全ての国が，エネ

ルギーの全てを再生可能エネルギーで賄うことを最終目標にして，前に
進むことを願うものです。

謝辞

　再生可能エネルギーをメタンの形で使うこの研究開発は，日立造船の熊谷直和博士，泉屋宏一博士，高野裕之博士，四宮博之博士ら，幅崎浩樹北海道大学大学院工学研究科教授，秋山英二東北大学金属材料研究所教授，山崎倫昭熊本大学大学院先端科学研究部教授，故目黒真作東北工業大学名誉教授，加藤善大東北工業大学准教授らおよび既に東北大学金属材料研究所を退職している浅見勝彦教授，川嶋朝日准教授の他研究室の多くの仲間達と共同して行ったものです。

　増本健東北大学名誉教授，佐藤教男北海道大学名誉教授，Maria Janik-Czachor ポーランド科学アカデミー物理化学研究所名誉教授，Ronald M. Latanision マサチューセッツ工科大学名誉教授，Jacques Amouroux ピエール・マリー・キューリー大学名誉教授らからは終始変わらぬ激励とご支援を戴いてきました。

　これらの方々の共同研究とご支援のお陰でこの研究を行ってこられ，まだ続けられていることに忠心より感謝いたします。

　沢山の優れた仲間達と仕事を続ける事ができました。これは妻泰子の応援があったからこそと感謝しています。

　この本の出版にあたり，東北大学秋山英二教授および東北大学出版会の小林直之氏に大変お世話になりました。有難うございました。

　なお、この本の大筋は、Electrochemical Society から 2011 年に戴いた Olin Palladium Award 受賞講演でお話ししたものです。私を研究者として育ててくれた学会の一つ Electrochemical Society の友人達に感謝します。

＜著者紹介＞

橋本　功二（はしもと　こうじ）

1935 年生まれ。1960 年 3 月東北大学大学院理学研究科化学専攻修士課程修了。理学
博士。東北大学金属材料研究所教授、東北工業大学教授を経て、現在、東北大学お
よび東北工業大学名誉教授。
主な研究テーマは、超耐食アモルファス合金の創製、工業電解用電極の創製、二酸
化炭素メタン化用触媒の創製、地球環境保全と豊富なエネルギー供給のためのグ
リーンマテリアル。

グローバル二酸化炭素リサイクル
── 再生可能エネルギーで全世界の持続的発展を ──

Global Carbon Dioxide Recycling:

For Global Sustainable Development by Renewable Energy

©Koji Hashimoto, 2020

2020 年 2 月 14 日　初版第 1 刷発行

著　　者　橋本 功二
発 行 者　関内 隆
発 行 所　東北大学出版会
　　　　　〒980-8577　仙台市青葉区片平 2-1-1
　　　　　TEL：022-214-2777　FAX：022-214-2778
　　　　　https://www.tups.jp　E-mail：info@tups.jp
印　　刷　社会福祉法人　共生福祉会
　　　　　萩の郷福祉工場
　　　　　〒982-0804　仙台市太白区鈎取御堂平 38
　　　　　TEL：022-244-0117　FAX：022-244-7104

ISBN978-4-86163-339-3　C3040
定価はカバーに表示してあります。
乱丁、落丁はおとりかえします。

JCOPY　＜出版者著作権管理機構 委託出版物＞

本書の無断複製は著作権法上での例外を除き禁じられています。複製される場合は、そのつど
事前に、出版者著作権管理機構（電話 03-3513-6969、FAX 03-3513-6979、e-mail: info@jcopy.or.jp）
の許諾を得てください。